第3章 家装——现代客厅日光效果表现

第4章 家装——田园风格客厅效果表现

第5章 家装——简欧风卫浴间柔光表现

第6章 家装——美式风格书房夜晚表现

第7章 家装——中式风格厨房柔光表现

第8章 家装——北欧风格卧室日光表现

第9章　工装——综合办公室强光表现

第10章 工装——KTV前台接待大厅效果表现

3ds Max/VRay

室内家装工装效果图
表现技法

微课版

互联网＋数字艺术教育研究院 策划

刁俊琴 田罡 主编／汤京花 王庆茂 副主编

人 民 邮 电 出 版 社

北 京

图书在版编目（CIP）数据

3ds Max/VRay室内家装工装效果图表现技法：微课版 / 刁俊琴，田罡主编. -- 北京：人民邮电出版社，2017.1（2021.9重印）
ISBN 978-7-115-42763-2

Ⅰ. ①3… Ⅱ. ①刁… ②田… Ⅲ. ①室内装饰设计－计算机辅助设计－图形软件 Ⅳ. ①TU238-39

中国版本图书馆CIP数据核字(2016)第284475号

内 容 提 要

本书以 3ds Max 和 VRay 软件为基础，介绍家装环境和工装环境的室内效果图的表现技法。全书共 10 章，提供 8 个大型商业室内装修效果图的项目实例，实例包含了目前最主流的装修风格，家装环境涉及客厅、卧室、厨房、洗浴间和书房；工装环境以办公室和 KTV 为例。另外，本书使用的主要表现技法以 LWF 线性工作流为大前提，在制作上简化了以前烦琐的做图方法，以最高效的专业技术讲解室内效果图表现技法。

本书所有实例均使用 3ds Max 2014、VRay 2.40 for 3ds Max 2014 和 Photoshop CS6 制作，请务必注意。

◆ 主　　编　刁俊琴　田　罡
　　副 主 编　汤京花　王庆茂
　　责任编辑　税梦玲
　　责任印制　彭志环

◆ 人民邮电出版社出版发行　　北京市丰台区成寿寺路 11 号
　　邮编　100164　　电子邮件　315@ptpress.com.cn
　　网址　https://www.ptpress.com.cn
　　涿州市京南印刷厂印刷

◆ 开本：787×1092　1/16　　彩插：4
　　印张：17.5　　　　　　2017 年 1 月第 1 版
　　字数：300 千字　　　　2021 年 9 月河北第 5 次印刷

定价：79.80 元（附光盘）

读者服务热线：(010)81055256　印装质量热线：(010)81055316
反盗版热线：(010)81055315

编写目的

曾经，在房地产行业火爆的时候，效果图行业去分了一杯羹；如今，房地产行业的发展脚步逐渐放缓，那么效果图行业是否也越来越不景气了呢？

答案是否定的。室内装修的确是会受房地产行业影响，但这不是最主要的原因，影响室内装修最主要的因素，还是人们对居住、办公、娱乐、消费环境的审美变化，所以，只要满足社会需求，效果图行业就不会衰败。因此，在注重效果图表现技法的同时，还应该多留意周围环境的变化、人们的审美变化、市场的装修需求等。

为了让读者能够快速且牢固地掌握室内家装和工装效果图的表现技法，人民邮电出版社充分发挥在线教育方面的技术优势、内容优势和人才优势，潜心研究，为读者提供一种"纸质图书+在线课程"相配套，全方位学习室内效果图表现的解决方案。读者可以根据个人需要，利用图书和"微课云课堂"平台上的在线课程进行碎片化、移动化的学习，以便快速全面地掌握室内效果图表现技法。

读者须知

在购买或者阅读本书之前，请广大读者注意以下内容。

本书是一本以3ds Max和VRay为技术平台来介绍室内家装、工装效果图表现技法的全案例图书。所以，在使用本书前，请确认你是否有3ds Max基础。当然，如果你对效果图制作非常热衷，但又苦于没有3ds Max基础，那么我建议你在使用本书的时候，同时准备一本3ds Max的基础工具书，作为辅助学习工具。在此，我推荐一本《中文版3ds Max效果图制作案例教程》（ISBN：978-7-115-39679-2）的基础书，这本书主要讲解了3ds Max在效果图制作中的常用基础功能和基础工具，是与本书配套的软件基础工具书。

平台支撑

"微课云课堂"目前包含近50000个微课视频，在资源展现上分为"微课云""云课堂"这两种形式。"微课云"是该平台中所有微课的集中展示区，用户可随需选择；"云课堂"是在现有微课云的基础上，为用户组建的推荐课程群，用户可以在"云课堂"中按推荐的课程进行系统化学习，或者将"微课云"中的内容进行自由组合，定制符合自己需求的课程。

* "微课云课堂"主要特点

微课资源海量，持续不断更新："微课云课堂"充分利用了出版社在信息技术领域的优势，以人民邮电出版社60多年的发展积累为基础，将资源经过分类、整理、加工以及微课化之后提供给用户。

资源精心分类，方便自主学习："微课云课堂"相当于一个庞大的微课视频资源库，按照门类进行一级和二级分类，以及难度等级分类，不同专业、不同层次的用户均可以在平台中搜索自己需要或者感兴趣的内容资源。

多终端自适应，碎片化移动化：绝大部分微课时长不超过10分钟，可以满足读者碎片化学习的需要；平台支持多终端自适应显示，除了在PC端使用外，用户还可以在移动端随心所欲地进行学习。

* "微课云课堂"使用方法

扫描封面上的二维码或者直接登录"微课云课堂"（www.ryweike.com）→用手机号码注册→在用户中心输入本书激活码（b928ea8f），将本书包含的微课资源添加到个人账户，获取永久在线观看本课程微课视频的权限。

此外，购买本书的读者还将获得一年期价值168元VIP会员资格，可免费学习50000个微课视频。

内容特点

本书共分为10章，第1章和第2章讲解理论知识，第3章~第10章介绍8个大型项目。为了方便读者快速高效地学习室内效果图表现的实用技术，本书在内容编排上进行了优化。

言简意明：语言叙述简单清楚，操作步骤简明扼要，通过学习本书能很快学会如何操作、如何设置参数。

图示清晰：图示不仅色彩准确，大小适宜，还对不便于观察的位置进行了单独的放大说明，对不便于把控的位置进行了坐标说明，以方便读者尽可能地还原效果。

技术实用：主要使用LWF（线形工作流）的制图技术，简化了布光方式，且介绍了如何通过后期处理来解决效果图偏灰的方法。

步骤详细：以大项目实例为例，步骤叙述非常详细，读者能够结合图示正确无误地进行操作，不用担心因为叙述歧义，造成操作不当的错误。

经验分享：在操作过程中，作者将多年效果图制作的一些快捷操作技巧、制图经验以Tips的形式写在了相关步骤的后面，帮助读者在掌握书面技能的同时，掌握行业内的一些捷径。

过程重现：每一个项目案例，在构图→灯光→材质→渲染→后期处理这一流程中，详细地介绍了各个环节的具体操作和为什么这么操作，做到有理有据。

微课视频：作者在做每一个项目的时候，录制了制作过程的视频，读者可以通过观看视频，了解效果图制作的工作方式、操作方式和操作习惯，也可以看到作者在哪些地方容易出现错误，以便大家在学习的时候尽量去注意。

配套资源

为方便读者线下学习或教师教学，除了提供微课云课堂的线上学习平台，本书还附赠一张光盘，光盘包含"场景文件""完成文件""微课视频"和"PPT课件"4个文件夹。

场景文件：所有项目的初始文件、素材文件。

实例文件：3ds Max文件、素材文件、后期处理文件、渲染效果图、后期处理图。

微课视频：所有项目的操作视频，为了方便读者精确学习，特意将视频按效果图制作流程进行了剪辑。

PPT课件：与书配套的精美PPT。

编　者

2016年8月

目录
CONTENTS

第4章 家装——田园风格客厅效果表现

第5章 家装——简欧风卫浴间柔光表现

第1章 室内效果图的基础知识

本章将带领大家进入室内效果图的世界。随着建筑和室内装修业的发展，室内效果图的作用日益明显，对其的需求也日趋迫切；同时，专业化的室内效果图在技法、工具、材料上也不断更新。本书重点介绍国内外较新的风格、技法及材料。在这一章，将主要介绍室内效果图的理论内容，帮助大家了解室内效果图制作的行业领域以及制作要点。

学习目标

- 掌握效果图的基本概念
- 掌握效果图的色系原理
- 掌握效果图的布光原理
- 掌握室内常用装修风格
- 掌握室内效果图的表现流程
- 掌握后期处理的流程及注意事项

1.1 室内效果图是什么

室内效果图是室内设计师为表达创意构思,通过三维制作软件(如3ds Max),将创意构思进行形象化虚拟再现的一种表现形式。它通过对物体的造型、结构、色彩、质感等诸多因素的虚拟表现,真实地表现设计师的创意。作为设计师与观察者的沟通桥梁,室内效果图可以使人们更清楚地了解设计的各项性能、构造、材料等。

以上抽象的解释比较难以理解,简单来讲,室内效果图对于建筑师和室内设计师来说,就是表达设计方案和设计意图的重要手段;对于客户来说,室内效果图就是"你先告诉我,你能把我的房子装成什么样"。

室内效果图可以真实地反映和展示室内家装、工装环境的设计效果。由于在施工前就能够通过室内效果图提前预见完工后的效果,不仅增加设计的可选择性,还能降低设计和施工的风险。图1-1和图1-2所示的分别是家装客厅和工装办公室的优秀效果图作品,是否觉得它们与照片效果差不多呢?

图1-1   图1-2

这两张图就是室内效果图,观察它们可以发现,图中真实地反映了室内格局、家具摆放位置、家具材料、灯光效果以及整体风格和氛围。

试想一下:如果你就是客户,你给了我一张房屋的户型图,并提出相关要求,我最终给你几张效果图,并告知可以将你的房屋装修成这样。如此操作,客户和设计师之间的交流是否更加直观,而室内装修也是否更加直接呢?答案当然是肯定的。

1.2 构图的原理

什么是构图?相信大家都听说过"摄影构图"吧。因为效果图是模拟真实空间,而且效果图制作也会用到摄影机,所以,也可以认为效果图的构图是摄影构图的一种。

因为室内效果图的构图,涉及的内容比较简单,所以,对于摄影构图的原理,本书不做介绍,有兴趣的读者可以查询相关资料。

1.2.1 画面比例

构图带来最直观的结果就是效果图的画面比例,简单来说就是图片的纵横比(长宽比),如果以此来划分构图,可以分为3类,即横构图、竖构图和方构图。下面主要介绍比较常用的横构图和竖构图。

1.横构图

　　横向构图简称横构图。横构图是比较常用的图像构图，我们常听说的16:9、16:10、4:3为图像长度与宽度的比例，其中4:3是3ds Max的默认构图比例，16:9是人眼视域的比例。总之，对于图像长度与宽度的比值大于1的构图，都可以称为横构图。图1-3和图1-4所示就是横向构图的效果图。

图1-3　　　　　　　　　　　　　　　　　　　图1-4

　　横构图的画面比例是最自然的，也是目前大家最能接受的。横构图可以拍摄很广阔的地平线（地板），画幅的宽度可以使家具表现出高低起伏的节奏感。另外，横构图给人沉稳的感觉，使其更能有效地彰显家具对象的特点。

　　总之，在拍摄室内空间时，使用横构图画面会留有一定的空间区域，可增加画面的空间效果，使画面构图和谐，表现出画面的稳定感。

2.竖构图

　　竖向构图简称竖构图。与横构图相对，竖构图即图像长度与宽度的比值小于1的构图方式。竖构图在室内效果图中也是一种比较常用的构图比例，如图1-5和图1-6所示。

图1-5　　　　　　　　　　　　　　　　　　　图1-6

　　在观察竖构图的时候，建议从上往下看，竖构图往往用于表现垂直方向感比较强的空间，用于突出空间的庄严感、空间感和纵深感，比如会议室、走廊和过道灯。另外，对于俯视图和鸟瞰图，建议也尽量采用竖构图的构图比例，如果遇到空间感和力度感特别强的空间，可以尽可能地拉长竖构图的幅度。

1.2.2 摄影镜头

因为3ds Max的摄影机可以模拟真实摄影机，所以这里以3ds Max的镜头来进行分类。在效果图中，常用的镜头有长焦镜头和短焦镜头，它们决定了透视的强弱：透视强，画面能展示的内容就多；透视弱，画面展示的内容就少，主体更明确。

> **TIPS**
>
> 透视可分为一点透视、两点透视和三点透视，因为3ds Max的功能强大，对于摄影机透视的校正有专门的修改器，所以这里不再解释透视的概念，大家只需要记住长焦和短焦对拍摄内容造成的差异即可。

1.短焦构图

短焦也叫广角镜头，特点是透视强。对于大空间，为了尽可能地展示空间中的对象，需要在画面中展示大量内容，可以考虑使用长焦。但是，请注意，使用长焦时，千万不能过度，否则广角的画面会使四周的内容产生严重的畸形变化，如图1-7所示。

图1-7

这是一个客厅的广角镜头的横构图，可以看出摄影机的视野非常宽广，几乎包含场景中的所有对象。但是请注意画面的四周，可以明显地感觉到，画面或多或少有点畸形。

2.长焦构图

长焦的特点是透视弱，即画面视野小，摄影机可拍摄的视域小。所以，长焦构图常用于表现空间中的主体或拉近远景，也常用于表现家具的特写镜头。短焦构图的优势是画面有构成感，而且场景对象不会发生畸形变化，如图1-8所示。

图1-8

这同样是一个客厅，但是采用的是长焦构图，可以发现视域明显变小，摄影机的拍摄范围也变小，但是场景中的茶几的细节特征却比较明显，而且画面四周并未出现畸形变化。

1.2.3 构图技巧

其实，室内效果图的构图原理与摄影构图是完全一样的，如果一定要为效果图的构图具体分类的话，也可以分为很多类。但是，我并不建议大家去深入了解构图的类别，大家仅仅需要记住我列举的画面比例和摄影机镜头即可。这是构图的核心内容，无论你以何种方式去对场景构图，都避不开画面比例和摄影机镜头（焦距）的设置。下面以我多年的效果图经验，介绍一下构图的常用技巧。

1.艺术与真实的取舍

这涉及到对室内效果图表现范围的控制。效果图的表现范围应尽量控制在摄影机所在位置的60°左右，如图1-9所示，此视域绘制的空间比较真实。正常情况下，控制在50°~80°为宜；绝对不应超过90°，超过90°的区域已在人们正常视域之外；一般情况下也不宜低于50°，否则空间的纵深感不够。效果图准则之一就是真实地反映空间状态，不要一味"追求艺术效果"而忽略空间的真实性，否则这将不是一张效果图，而是意境图。

图1-9

另外，效果图还应具备一定的艺术性。在绘制过程中，画面不宜过满，同时也不宜过小，尽可能地使效果图的画面有明显的对比。

2.视平线选择

在室内空间表现中，视平线的位置一般选择在距地面高度800~1200mm（差不多在画面中偏下的位置），即与"坐高"差不多，如图1-10所示。

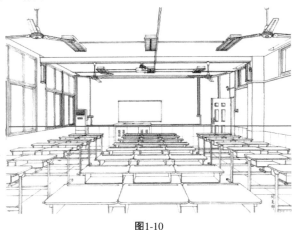

图1-10

关于为何这样处理的原因如下。

第1点：在正常情况下，天花部分的设计信息量要大于地面，视平线定在"坐高"位置则天花在图面中占据的面积要大于地面，有助于设计重点的表现。

第2点：对于许多初学者，地面的表现要难于天花，这样也有助于初学者在绘制设计手绘图时扬长避短。

第3点：将视平线定于"坐高"，能使空间在不失真的情况下看起来更加挺拔，同时也避免了图面头重脚轻的现象，能更好地表现图面的艺术性。

第4点：与客户交流时，以坐着的感觉去感受空间，也是对他人的一种尊重，有助于设计师在进行设计工作时与他人沟通。

在一些特殊情形下，视平线高度可以适当定低一点，如有大量餐桌、餐椅的餐饮空间，一般将视平线定为餐椅的高度，可以省去以俯视角度画大量餐椅复杂透视的麻烦。

1.3 灯光搭配

灯光对于室内效果图的作用很大，比如照亮场景、产生冷暖对比和形成光影关系等。对于室内效果图的制作，灯光的搭配是重点内容，也是难点，因为灯光的搭配没有固定的公式可循。另外，对于传统的效果图制作方法，补光法的使用不但增加了灯光布置的难度，还使效果图的可施工性大打折扣，具体原因在下面的内容中会进行解释。

1.3.1 灯光分类

室内效果图中的可见灯光与现实中的灯光一样，可以分为人造灯光和自然灯光。

1.自然灯光

自然灯光就只有一个，即太阳光。值得注意的是，天光其实也属于太阳光，因为它同样是太阳光经过大气层的反射和折射形成。在效果图制作中，自然光的作用就是照亮场景，无论是通过露天直射，还是通过窗户采光，都属于自然光照明，如图1-11所示。

图1-11

2.人造灯光

人造灯光很好理解，我们常见的灯具都可以称之为人造灯光，包括日光灯、白炽灯、节能灯、灯带、灯箱、射灯、荧光棒和烛光等。在室内效果图中，人造灯光的作用有两个：作用1是照亮室内环境，比如在夜晚、傍晚的时候，亦或者是密闭空间中，都可以使用人造灯光来照亮场景，如图1-12所示；作用2是丰富灯光效果，让场景的光效具有更加明显的层次感，如图1-13所示。

图1-12

图1-13

1.3.2 光影关系

"有光就有影"，这是一个亘古不变的道理。可见光、影也是不可分割的两个对象。灯光和阴影分别对应一明一暗、一暖一冷、一硬一柔的关系，所以，灯光的出现，无疑使画面更加丰富。

1.明暗对比

明暗关系是图像中最直接的关系，明暗关系也形成了画面的灰阶。所谓灰阶，即黑白灰的关系。我们一再强调画面的层次感，就是指画面的黑白灰关系，一幅好的作品，黑白灰都是同时具备的，缺一不可。

请注意观察图1-14所示的效果，画面中的黑白灰关系尤为分明，墙面被灯光完全照亮，属于"白"的部分；由于灯光照射不足，吊顶处和部分墙面呈现"灰"的特点；对于镜子后方和桌子底部等地方，因为灯光照射不到，所以产生了"黑"的部分，这便是这幅作品的黑白灰。

> **TIPS**
>
> 因为场景中的"白"和"灰"都比较充足，而"黑"相对来说，略显不足，所以为了弥补，在表现的时候，使用了黑色的毛毯、黑色的阴角线和黑色的椅子坐垫来补充场景中的"黑"，这样使整个场景中的黑白灰比例适宜，也使整个场景的层次感更加明显。

在布置灯光的时候，为了使效果图更加富有层次感，也就是使黑白灰关系更加明显，可以多布置室内灯光，比如筒灯、台灯和壁灯等，使灯光具有跳跃性，还可利用物体的遮挡关系，使阴影效果更加明显，如图1-15所示。

图1-14

图1-15

2.冷暖对比

从设计学上来考虑，室内效果图应该具有明显的冷暖对比：无论是硬装（墙面、地板等墙体结构），还是软装（家具、家电用品），抑或是灯光颜色，都应该有明显的冷色调和暖色调的对比，如图1-16所示。

图1-16

这是一张冷暖对比较明显的效果图，场景空间中的大部分对象颜色都是冷色调，所以在表现的时候，室内灯光均采用暖色调，这样整个场景的冷暖对比就形成了。这种方法也是大部分效果图的冷暖表现：通常空间环境偏冷或者偏暖，都会使用相对的颜色来进行处理，使之形成明显的冷暖对比；另外，在布光处理的时候，通常自然光会是冷色调，室内光会是暖色调。

> 🏠 **TIPS**
>
> 对于冷暖色的区分，大家不用去过分查看色系。一般来说，对于效果图的表现，蓝白色通常是冷色，红橙黄是暖色，这是效果图常用的灯光颜色。
>
> 另外，在表现某些效果图的时候，对于冷暖对比的处理，要切合效果图的风格。比如，欧式风格是一种偏暖的风格，北欧风格是一种黑白蓝调的高冷风格，这些都要特别注意。

3.硬柔对比

什么是硬柔对比？这是一个比较感性化的话题。简单来说，硬柔关系是指阴影效果，阴影边缘越锐利、清晰，就硬；反之，阴影边缘越较柔化，则软。请观察图1-17所示的效果图；柜子附近的阴影特别清晰锐利，所以这是比较硬的阴影，而窗台和门扉附近的阴影就比较模糊和柔化了，所以属于软阴影。

图1-17

对于阴影的硬和软，可能在理解上比较抽象，为了方便大家在做图时便于表现，特别列出了下列要点。

第1点：一般来说，较大的光源，比如天光、太阳光等体积较大的光源，产生的阴影属于软阴影；小而明亮的光源，比如射灯、筒灯和台灯等，产生的阴影属于硬阴影。

第2点：直接光产生的阴影属于硬阴影，间接光产生的阴影属于软阴影。关于间接和直接光的含义，大家可以简单地理解为：直接照射的光为直接光；经过反弹后，照射物体的光为间接光。

第3点：阴影的清晰度与光源的远近位置、遮挡面的大小、灯光照射的角度和阴影成像对象（比如地板）的透明度有关。

1.3.3 布光方式

室内环境一般分为3种，即全封闭空间、半封闭空间和大空间。虽然空间类型不同，但是它们的布光原则都完全遵循现实光学原理。

1.全封闭空间

全封闭空间，即不受天光、太阳光和室外环境光照射的空间。由于封闭空间不受室外光的影响，所以光源必然都是人造光，如图1-18所示，这是一个密闭卫生间的灯光效果。

图1-18

在对全封闭空间布光的时候，由于缺少环境光，全封闭空间非常容易暗淡，所以在布光的时候，能打灯光的地方就尽量去设置灯光，这也是在大多数夜晚空间的室内环境中有很多筒灯、台灯的原因。另外，对于冷暖处理，建议使用白色灯光来弥补冷色，使用黄色灯光来弥补暖色。

2.半封闭空间

半封闭空间，即太阳光、环境光照射场景。对于半封闭空间，其布光的方式多种多样，大多数空间表现都是以半封闭空间为主。

当表现白天的效果时，通常以天光、太阳光为主光，利用阳光和天光，可以照亮整个室内。当然，为了处理冷暖关系，在不影响表现风格的同时，会使用暖色的人造灯光来点缀灯光效果，如图1-19所示。

当表现夜晚或者傍晚的效果时，通常是以室内灯光为主光，此时照亮场景的是室内光，与全封闭空间类似，场景也容易暗淡，所以能打光的地方也应该尽量打光。另外，对于此时的室外环境光，可以理解为一种外景（通常会使用灯光面片来模拟室外环境光），如图1-20所示。

图1-19

图1-20

3.大空间

大空间一般都是指公共空间，本书涉及的大空间是会议室和办公室内。对于大空间来讲，由于空间比较大，所以灯光多是必然的，但是在布光的时候尤其要注意保持灯光的连续性和整体性。

连续性是指灯光不能零零散散，要尽量能连成线、有流线感；所谓整体性就是同类灯光应该统筹管理，它们的大小、颜色和亮度等，都应该相同。对于会议室和办公室这类空间纵深较大的环境，建议尽量使用人造光来作为主光源，如图1-21所示。

图1-21

 TIPS

关于3ds Max的具体布光方式，将在下一章中进行详细介绍。

1.4 材质分析

什么是材质？

将这个问题换个问法，可能你就明白什么是材质了：你怎么知道它是木头做的？材质就是对象的制作材料，简单来讲就是物体的可见属性，即大部分对象的表面物理现象，比如，颜色、发光度、反射、折射、高光、透明度、软硬和凹凸等直观物理属性，都是对象的材质。材质的表现和制作，就是通过3ds Max来模拟的。

1.4.1 材质属性

前面说过，材质包含很多种可见物理属性，如果使用3ds Max来模拟材质，只需要抓住几个关键属性就可以了，比如颜色、反射、折射、高光、软硬和凹凸等。

1.颜色

颜色的概念在这里不做详细介绍。但是有一点，大家必须明白，即"你所见并非其实"。这个是现实生活中比较普遍的现象，即我们看到的颜色未必是物体的真实颜色。因为我们肉眼所见到的都是对象的反射光线生成的。如果光线本身为白色，那么颜色自然是正确的；如果光线本身就是有色的，那么我们所见的颜色就未必正确了。

请看图1-22，注意到天花吊顶了吗？请对比左边吊顶和右边吊顶的颜色：左边吊顶呈现白色，但略微偏红；右边吊顶呈现为淡黄色。其实，吊顶的颜色是纯白色，颜色的差异是照明灯光和桌椅的反射光造成的。

图1-22

2.反射与高光

反射其实是一个比较复杂的概念，因为它涉及了很多物理属性，比如，前面所说的颜色问题，其实就是反射造成的。这里要介绍的高光效果也和反射相关。

现实生活中的对象，都或多或少具有菲涅耳反射效果：当视线垂直于物体表面时，反射较弱；当视线非垂直于物体表面时，夹角越小，反射越强烈。观察图1-23，这是一个大理石球体，请对比图中圈出的两部分：当观察A区域时，视线与对象表面几乎垂直，所以反射效果比较弱；当观察B区域的时候，因为观察的是球的边缘，鉴于球体的弧面关系，视线此时与B区域的表面夹角很小，此时B区域的反射较强烈。

对于高光，大家可能觉得有点抽象；如果说光滑，大家应该就能理解了。回想一下，我们是如何判定对象是否光滑的。当然最直接的肯定是去摸一下；除此之外，我们凭目测也能分辨出，那就是光滑的物体，当有灯光照射时，会有光亮区域，或者该对象有明显的反射成像效果，比如玻璃、金属、瓷器和清漆等，如图1-24所示。

图1-23

图1-24

图1-25

🔒 **TIPS**

反射比较复杂，这里列出以下3点加以辅助说明。

第1点：反射颜色。它控制反射的强弱，颜色越亮，反射越强；黑色表示没有反射，白色表示反射最强。一般在制作的时候，会使用"衰减"程序贴图来模拟反射的菲涅尔效果。当反射颜色设置为彩色的时候，可以控制物体的反射颜色，即前面介绍的改变物体本身颜色。

第2点：高光。它控制物体的光滑程度和区域，通过高光参数可以区分材质是金属还是陶瓷。

第3点：反射光泽度。它控制物体的反射效果，在VRay中，光泽度越大（1为最大值），成像越清晰；反之，成像越模糊。

3.折射与透明度

相信大家对折射和透明度都不陌生。透明度是通过折射来控制的，有折射率的物体都具有一定的透明度，即可以透过物体看对象，而且观察到的对象会或多或少出现变形，如图1-25所示。

因为折射与反射的原理比较类似，所以这里不详细介绍，重点知识如下。

第1点：折射颜色。折射颜色控制对象的透明度强弱，与反射相同，白色表示纯透明，黑色表示不透明。

第2点：折射光泽度。控制透明效果，在VRay中，折射的光泽度越大（1为最大值），透明效果越清晰；折射的光泽度越小，透明效果越模糊。

第3点：折射率。对于有一定透明度的物体，其折射率是不同的，通过设置VRay材质的折射率，可以区分对象到底是水还是玻璃，抑或是其他材料。

1.4.2 家装材质

家装材质可以划分为简约、奢华和稳重等，选择家装材质时，首先要满足客户需求，其次才是风格氛围。家装材质要使居家环境看起来温馨、自然和舒适，所以，布料、丝绸、木材、大理石、玻璃和钢铁等材质是不可少的。

图1-26所示的材质比较简单，材质选取比较朴实，比如灰棕色绒布、灰白色布料、原木、不锈钢、透明窗玻璃和塑钢等，整个场景的材质色调都比较低调简单，给人一种自然清新的感觉。

再来看看如图1-27所示的卧室，这是一个欧式风格的卧室，涉及了金箔墙纸、白漆、高级木纹、印花丝布、镀银和圈绒等材质，不仅材质比较奢华，在材质颜色选取上，也是使用的金色和亮银色，整个场景凸显出了奢华和高雅。

图1-26   图1-27

1.4.3 工装材质

工装环境，比如会议室、办公室，都是以清新、明亮为主，所以在材质上应尽量简单实用，如图1-28所示。

图1-28

这是一个老总办公室，整个场景的材质比较简单，主要包含玻璃、木纹和皮质等，体现了工装环境的简单实用。另外，皮材质也是工装环境比较常用的一种材质，它不仅可以使场景不失格调，还能使场景的氛围更加严肃，尤其适合工装环境。

1.5 风格与色彩

注意，色彩与风格其实是两个概念。但在效果图表现中，不同的风格，拥有不同的色调，所以将它们放在了一起介绍，这样也方便大家理解和掌握。在目前的室内装修中，家装环境对于风格的把握比较成熟，目前大家比较容易接受的是现代、中式、田园、简欧、北欧和美式等风格。

1.5.1 现代风格

现代风格是比较流行的一种风格。现代风格注重的是实用性，即无论房间多大，一定要显得宽敞，不需要烦琐的装潢，在装饰与布置中最大限度地体现空间与家具的整体协调。

在造型方面，现代风格多采用几何结构，所以你会发现现代风格的墙体、天花都不会有过多的装饰，这就是所谓的"轻装修"；在家居陈设方面，现代风格追求的是实用性，所以家具会比较多，而且装饰部分也不少，这就是所谓的"重装饰"。

因为现代风格是一个比较模糊的定义，在色彩搭配上也比较自由，因此大多数人认为现代风格用的色彩搭配具有很大的跳跃性。图1-29和图1-30所示就是典型的现代风格。

图1-29   图1-30

1.5.2 中式风格

相对于现代风格，在被接受程度方面，中式风格略逊一筹。中式风格融合了庄重与优雅双重气质，比较注重意境上的表现，突出中国风。例如，厅里摆一套明清式的红木家具，墙上挂一幅中国山水画，桌上放一本线装书等。

在装修上，中式风格追求古韵古香，通常室内都比较端正，会通过雕花、山水画去装饰墙面，或在吊顶处放一盏木雕或者方正吊灯。

在家具选取上，中式风格偏向于木材，尤其是红木，可以说，整个中式风格的空间，木制品占了很大的比重，木刻雕花也使中国风展现得淋漓尽致。

在色彩搭配上，首先要了解中式风格"高山流水"的意境，中式风格的产生，就是为了使人进入一种心如止水的雅致状态，所以木材成为了中式风格的首选。因为木材的关系，中式风格的色调以黑、红、棕为主，为了保证效果图的层次感，通常会使用黑白山水画来补充画面的层次感。图1-31和图1-32是比较典型的中式风格，请仔细观察它们，是否感到心静自若，不经意间，一股浓浓的书香迎面而来？

图1-31　　　　　　　　　　　　　　　　　　　　　图1-32

TIPS

　　值得推荐的是图1-32的表现方法。在表现效果图时，当出现无法明确表现出风格类别的情况时，可以考虑借鉴这种使用风格元素来烘托的方法。比如在这幅图中，使用腊梅水墨画、红木托盘、梅花纹的墙纸来烘托出中式风格的氛围。

　　这种方法是一种常见的方法，即使用家具和饰品来强化风格特色。

1.5.3　田园风格

　　田园风格是一种大众装修风格，通过装饰装修来表现田园的气息，不过这里的田园并非农村的耕地田园，而是一种贴近自然，向往自然的风格。

　　田园风格的主旨是朴实、清新和自然，这也是人们青睐此风格的一个根本原因。在喧哗的城市中，人们很想亲近自然，回归朴实、清净和自然的惬意生活，还记得陶渊明"采菊东篱下，悠然见南山"的洒脱与惬意吗？追求田园风格的人，大部分是懂得生活的人，他们更加追求那一份清静、自然和惬意。

　　因为田园风格表现的主题是贴近自然，展示朴实生活气息，所以，在材质选取上，更加倾向自然化、清新化，比如原木、布纹和石材等。在颜色搭配上，田园风格亲近田园色彩，包括青色、绿色、泥土色、白色和棕木色等。总之，田园风格鲜而不艳、华而不奢、朴而不俗。图1-33和图1-34所示就是比较典型的田园风格，请仔细观察它们，是否有一种"清风徐来"，抑或是有一种恬静的感觉呢？

图1-33　　　　　　　　　　　　　　　　　　　　　图1-34

TIPS

　　与中式风格相同，这两幅田园风格的作品也使用了绿叶、花纹布料、花盆来丰富田园元素，使整个空间的田园化更浓烈。

1.5.4 简欧风格

简欧风格是欧式风格的简化版,它营造的是一种典雅、自然、高贵、浪漫、简约的氛围。简欧风格保留了欧式风格的高贵典雅,涵盖了现代风格的简约实用,继承了田园风格的自然脱俗。还有一点,简欧风格在保留了欧式风格基本格调的基础上,大大降低了装修价格,这也是为什么有这么多的小资白领如此青睐这种风格的的原因。

在装修方面,简欧风格追求的是多元化和实用性。简欧风格虽然着重简约,但在家具和装修方面仍然遵循欧式风格的基调,选用欧式元素,比如带有欧洲复古图案的饰品、西化造型的家具(欧式家具最大的特点就是流线型和雕花)、金银工艺品(考虑到简欧风格的简约性质,可以使用铁艺来代替)和带线条结构的吊顶等。

在颜色搭配上,简欧风格的底色大多以白色、淡色为主,营造一种清新淡雅的氛围;家具颜色可以考虑深色和白色,突出画面的层次感。另外,简欧风格的灯光颜色通常以暖色调为主,黄色灯光偏多,这也是为什么简欧风格的画面或多或少有白里透黄的感觉。图1-35和图1-36所示是典型的简欧风格,相比前面介绍的风格,简欧风格是否多了一份典雅和浪漫呢?

图1-35

图1-36

> **🔒 TIPS**
>
> 相对于传统的欧式风格,简欧风格的配件饰品更复杂,在金属上使用的一般是金银器,整个空间的色调也是金银调。相比简欧风格,传统的欧式风格更暖、更奢华。另外,在欧式风格中,印花丝质布料是比较常用的一种布艺。
>
> 因为欧式风格和简欧风格在表现主题上比较接近,所以对于欧式风格的特点,这里就不做详细介绍,在后面的效果图表现实例中会详细讲解。

1.5.5 北欧风格

与简欧风格相比,北欧风格更加简单,可以说,北欧风格把简洁推到了极致。北欧风格以现代、简约、自由为主,颇受年轻人的喜爱。

北欧风格在装修上多以木材、石材、玻璃和铁等材料为主,且都保留了这些材质的原始质感。北欧风格在设计上没有多大讲究,特别简化,线条特别简单。另外,北欧风格在顶、墙、地部分,都只用线条、色块来点缀区分,从不使用雕花等复杂设计。

大家只需要记住以下两点,就能快速准确地判定北欧风格了。

第1点：在空间设计方面，北欧风格的室内空间宽敞、内外通透，所以，北欧风格的空间通常是最大限度地引入自然光，大窗户或者落地窗是一个不错的选择。另外，由于历史地理原因，大部分人在装修北欧风格的时候，都比较喜欢使用木材，因为北欧地处寒冷位置，所以北欧人会使用隔热性能好的木材来保证室内的温度。

第2点：在颜色搭配方面，北欧风格很特别，那就是黑白色的使用。在色彩使用上，北欧风格常常以白色调为主调，然后以彩色为点缀；或者以黑白色为主色，使用原木材来作为家具材料。总之，北欧风格的颜色都以浅色为主，空间也比较干净明朗，通常以白色、黑色、米色、棕色和蓝色等为主。另外，北欧风格的灯光多以冷色为主，通常为蓝白色，即便使用暖色的灯光，颜色也比较淡。

图1-37和图1-38所示为典型的北欧风格，仔细观察它们，是否感受到一种高冷的北欧风情呢？

图1-37

图1-38

 TIPS

　　布艺是北欧风格的重要元素，通常以棉布为主，颜色大致都是蓝、白、黑或者其他较为鲜艳的颜色。

1.5.6 美式风格

美式风格是来源于美国的装修和装饰风格。美式风格以宽大、舒适和杂糅著称。美国是一个崇尚自由的国家，这也造就了美国人自在、随意的生活方式，因此美式风格具有奢侈、贵气，又有怀旧、大气而又不失自在的特点。

在装修上，美式风格注重实用、简洁单一，尤其注重氛围。需要注意的是，美式风格虽然崇尚仿古，但绝不严肃刻板。与中式风格不同，在美国人看来，他们的房子不是用来欣赏的，而是用来住的，所以他们需要的不是意境上的熏陶，而是可以直接感受到的温馨舒适。

可以从家具和颜色上来判定是否为美式风格。

第1点：家居环境自由随意、简洁怀旧、实用舒适，通常以暗棕、土黄色为主。

第2点：家具古典化，通常有欧洲皇室的感觉，宽大实用，多以棕色实木、棕黄色布料为主。

第3点：侧重壁炉和手工装饰，追求自由粗犷。简单来说，美式家具和装饰有欧式的形态，但是在颜色上却更暖、更温馨。

总之，美式风格突出的并非欧式的典雅和高贵，而是强调文化、贵气、自在和情调，注重温馨和实用，因此灯光多用暖色调。在表现美式风格时，可以使用夜景来烘托这种氛围。图1-39和图1-40所示为美式风格的效果图。

图1-39

图1-40

1.5.7 风格搭配

前面已经介绍了常用的6种风格，然而在实际装修设计中，远远不止这么多。是我介绍得不够多吗？当然不是。请观察图1-41中的效果，请确定这是什么风格？

图1-41

中式风格？当然是中式风格，书法牌匾、水墨壁画、苏州园林式的隔断和中式红木桌椅等，处处都是浓浓的中国风。然而，相信细心的你已经发现，整个画面氛围并没有中式风格的严肃，反而透露出了一种清新、自然和恬静，这是怎么体现的呢？铺设的鹅卵石、石材堆砌的假山、砌砖墙纸以及盆栽，处处都是田园间的清新恬静、自然清净，这岂不是田园风格的特点？

所以，现在来看，这幅作品既包含了中式风格的高雅文韵，又包含了田园风格的自然恬静，两者结合，另有一种风韵，这便是中式田园风格。

在室内装修表现中，风格与风格之间的结合往往能起到意想不到的效果。比如，去除欧式风格的奢华，保留欧式风格的典雅，再结合现代风格的简洁实用，就形成了现代欧式风格，如图1-42所示，该场景没有过多的欧式装饰，突出了空间的实用性，通过墙体、门床雕刻和灯光来突出欧式风格的典雅。相比于简欧风格，现代欧式风格去除了大量的装饰品，在实用性上更强。类似于此种风格搭配还有很多，比如欧式田园风格、现代中式风格、现代北欧风格和美式田园风格等，不再一一介绍。

图1-42

TIPS

　　关于风格的搭配，是有一定原则的，一般是"气氛"+"文化"的方式，文化性质不同的风格不能随便搭配。比如，北欧风格是一种北欧人文，中式风格是中国风的文化背景，两种风格是不能进行搭配的；相反，田园风格和现代风格不带有文化色彩，重点突出气氛，所以可以使用欧式、中式、北欧和美式这些带有文化底蕴的风格来进行搭配，两两结合，通过文化升华意境，抑或是通过意境烘托文化，都能使效果图的表现更加美妙！

VRay基础

3ds Max和VRay的完美搭配可以很好地表现效果图。本章将介绍VRay渲染器的材质、灯光和渲染系统以及效果图的制作流程。本章的内容，可能略显枯燥，在学习的时候，建议大家把本章当作一个知识查询的章节，当对VRay参数有不理解的时候，可以直接通过本章来进行查询。由于篇幅问题，本章主要介绍VRay在效果图表现中的常用功能，请注意掌握。

学习目标

- 掌握VRay渲染器的加载方法
- 掌握VRayMtl材质的重要参数
- 掌握VRay灯光材质的重要参数
- 掌握VRay灯光的重要参数
- 掌握VRay渲染设置的方法
- 掌握LWF的设置方法
- 掌握室内效果图的制作流程

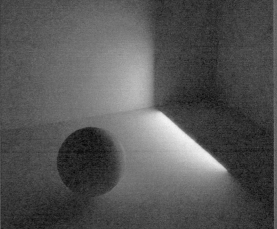

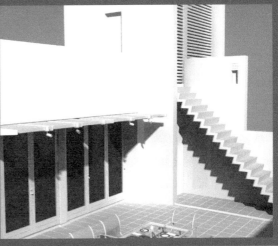

2.1 VRay是什么

VRay是由Chaosgroup和Asgvis公司出品的一款高质量渲染软件，是目前业界最受欢迎的渲染引擎。基于VRay内核开发的有VRay for 3ds max、Maya、Sketchup、Rhino等诸多版本（本书使用的是VRay2.40 for 3ds Max 2014的版本），为不同领域的优秀3D建模软件提供了高质量的图片和动画渲染。

VRay包含VRay灯光、VRay材质、VRay渲染和VRay摄影机等功能模块，它们都在效果图表现中有很高的使用频率。至于VRay为何能在众多渲染插件中脱颖而出，除了上述的强大功能外，还有最重要的一点，那就是速度和质量：大家不用去研究VRay的光子渲染原理，VRay相对于MaxWell等物理渲染软件，质量上肯定是不能做到绝对的照片级，但是在同等质量的情况下，VRay所用的时间，与其他渲染器比起来，就是两个字：飞快！

ⓤ TIPS

注意，虽然VRay不能做到完全的照片级，只要渲染技术和材质灯光做到尽善尽美，渲染出来的效果也会很精彩。在效率和质量的比较下，VRay无疑是性价比最高的。

2.2 加载VRay渲染器

前面提到过，VRay是渲染插件，而不是独立的渲染软件，所以VRay必须嵌入到平台软件上才能使用。在室内效果图表现中，一般使用基于3ds Max的VRay（VRay for 3ds Max）。用户可以通过将其加载到对应版本的3ds Max上进行使用，具体加载方法如下。

第1步：启动3ds Max，然后按F10键打开3ds Max的【渲染设置】对话框，如图2-1所示，此时，3ds Max使用的是默认扫描线渲染器。

第2步：在【公用】选项卡下，打开【指定渲染器】卷展栏，单击【产品级】后面的【选择渲染器】按钮 ⋯，如图2-2所示。

图2-1

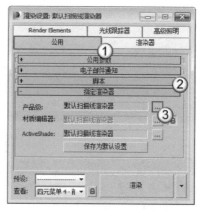

图2-2

第3步：系统会自动弹出【选择渲染器】对话框，选择当前版本的VRay（VRay Adv 2.40.03），单击【确定】按钮 ，如图2-3所示。

第4步：系统自动加载VRay渲染器，如图2-4所示，可以看到，【渲染设置】对话框的名称中出现当前VRay的版本信息，整个对话框的内容也发生了变化。

图2-3 图2-4

2.3 VRayMtl材质

VRayMtl材质是最常用的一种材质,它可以模拟效果图中的任何材质。在制作效果图的时候,为了模型和材质的管理,会使用【多维/子对象】材质来对模型和材质进行ID编号,但是各个子材质,其实还是VRayMtl材质。加载好VRay渲染器后,可以直接从【材质/贴图浏览器】中直接加载VRayMtl材质球,具体方法如下。

第1步:按M键打开【材质编辑器】,单击材质通道按钮 Standard (默认材质为【标准】材质),如图2-5所示。

第2步:系统会打开【材质/贴图浏览器】对话框,打开【材质】卷展栏,打开VRay卷展栏,选择VRayMtl,单击【确定】按钮 确定 ,如图2-6所示。

第3步:系统会自动加载VRayMtl材质球,如图2-7所示。

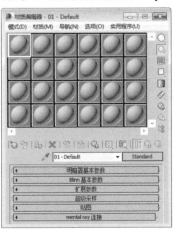  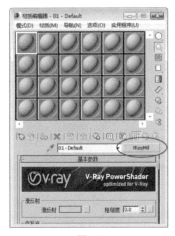

图2-5 图2-6 图2-7

2.3.1 基本参数

打开【基本参数】卷展栏，如图2-8所示，该卷展栏主要控制材质的漫反射、反射以及折射效果。

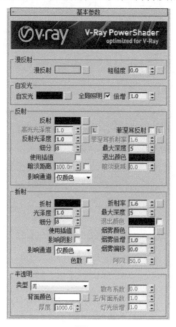

图2-8

1.【漫反射】参数组

【漫反射】中的参数主要用于设置材质的表现颜色和纹理，参数面板如图2-9所示。

图2-9

重要参数解析

漫反射：物体的漫反射用来决定物体的表面颜色。通过单击它的色块，可以调整自身的颜色。单击后面的按钮█可以选择不同的贴图类型，一般使用【位图】贴图来模拟纹理，如图2-10所示。

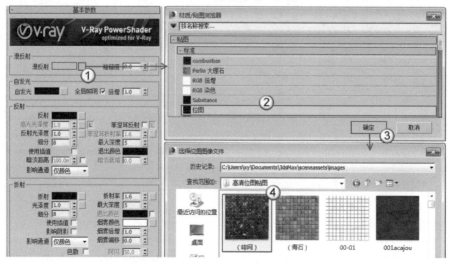

图2-10

2.【反射】参数组

【反射】中的参数主要用于控制材质的反射效果，比如反射强度、反射效果和高光性能，参数面板如图2-11所示。

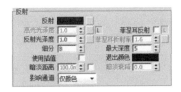

图2-11

重要参数解析

反射：这里的反射是靠颜色的亮度来控制的，颜色越白反射越亮，越黑反射越弱；而这里选择的颜色则是反射出来的颜色，和反射的强度是分开来计算的。单击后面的按钮█，可以使用贴图的灰度来控制反射的强弱，一般在这里会使用【衰减】程序贴图来模拟菲涅耳反射效果，如图2-12所示。

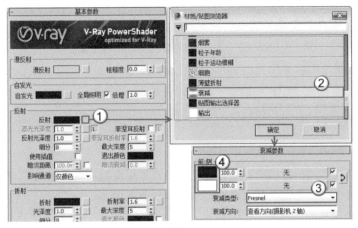

图2-12

菲涅耳反射：勾选该选项后，反射强度会与物体的入射角度有关系，入射角度越小，反射越强烈。当垂直入射的时候，反射强度最弱。同时，菲涅耳反射的效果也和下面的【菲涅耳折射率】有关。当【菲涅耳折射率】为0或100时，将产生完全反射；而当【菲涅耳折射率】从1变化到0时，反射越强烈；同样，当菲涅耳折射率从1变化到100时，反射也越强烈。

> 🖱 **TIPS**
>
> 　【菲涅耳反射】是模拟真实世界中的一种反射现象，关于菲涅耳反射的原理在第1章中已经介绍过了，这里再强调一下。反射的强度与摄影机的视点和具有反射功能的物体的角度有关。角度值接近0时，反射最强；当光线垂直于表面时，反射功能最弱，这也是物理世界中的现象。

高光光泽度：控制材质的高光大小，默认情况下和【反射光泽度】一起关联控制，可以通过单击旁边的锁定按钮█来解除锁定，从而可以单独调整高光的大小；如果为解锁，系统会将【高光光泽度】默认为当前的【反射光泽度】的值。通常情况下，调整数值为0.65~1.00，值越大高光区域越小，高光越强，表面越光滑。

反射光泽度：通常也被称为【反射模糊】。物理世界中所有的物体都有反射光泽度，只是多少而已。默认值1表示没有模糊效果，即镜面成像；比较小的值表示模糊效果越强烈。单击右边的按钮█，可以通过贴图的灰度来控制反射模糊的强弱。

细分：用来控制【反射光泽度】的品质，较高的值可以取得较平滑的效果，而较低的值可以让模糊区域产生颗粒效果。注意，细分值越大，渲染速度越慢。

3.【折射】参数组

【折射】中的参数主要控制物体的透明强弱、折射效果和透明颜色，玻璃、水、水晶和窗帘等材质的透明属性就是在这里进行设置，参数面板如图2-13所示。

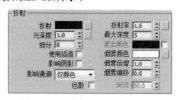

图2-13

重要参数解析

折射：和反射的原理一样，颜色越白，物体越透明，进入物体内部产生折射的光线也就越多；颜色越黑，物体越不透明，产生折射的光线也就越少。单击右边的按钮■，可以通过贴图的灰度来控制折射的强弱。

折射率：设置透明物体的折射率。

> 🖱 **TIPS**
>
> 真空的折射率是1，水的折射率是1.33，玻璃的折射率是1.5，水晶的折射率是2，钻石的折射率是 2.4，这些都是制作效果图常用的折射率。

光泽度：用来控制物体的折射模糊程度。值越小，模糊程度越明显；默认值1表示不产生折射模糊。单击右边的按钮■，可以通过贴图的灰度来控制折射模糊的强弱。

细分：用来控制折射模糊的品质，较高的值可以得到比较光滑的效果，但是渲染速度会变慢；而较低的值可以使模糊区域产生杂点，但是渲染速度会变快。

影响阴影：这个选项用来控制透明物体产生的阴影。勾选该选项时，透明物体将产生真实的阴影。

> 🖱 **TIPS**
>
> 注意，【影响阴影】这个参数仅对【VRay灯光】和【VRay阴影】有效，另外，在制作有色玻璃和有色透明对象时，此参数必须勾选，否则不能填充颜色。

烟雾颜色：这个选项可以让光线通过透明物体后使光线变少，就和物理世界中的半透明物体一样。这个颜色值和物体的尺寸有关，厚的物体颜色需要设置谈一点才有效果。

烟雾倍增：可以理解为烟雾的浓度。值越大，雾越浓，光线穿透物体的能力越差。不推荐使用大于1的值，一般为0.01~0.5。

2.3.2 双向反射分布函数

什么是双向反射分布函数呢？关于双向反射现象（BRDF），在物理世界中随处可见，由于物体表面的工艺处理的差异性以及特殊手段，改变了正常光照在物体表面的表现，比如拉丝不锈钢、CD光盘等，在图2-14中，我们可以看到不锈钢锅底的高光形状是由两个锥形构成的，这就是双向反射现象。

【双向反射分布函数】（BRDF）就是用于表现这类物体表面反射特性的方法，它用于定义物体表面的光谱和空间反射特性，参数面板如图2-15所示。

图2-14   图2-15

重要参数解析

明暗器列表 反射 ▼ ：包含3种明暗器类型，分别是【反射】、【多面】和【沃德】。反射适合硬度很高的物体，高光区很小；多面适合大多数物体，高光区适中；沃德适合表面柔软或粗糙的物体，高光区最大。

各向异性（-1..1）：控制高光区域的形状，可以用该参数来设置拉丝效果。

旋转：控制高光区的旋转方向。

2.3.3 选项

展开【选项】卷展栏，如图2-16所示，该选项组常用的是【跟踪反射】选项，用于控制光线是否追踪反射。如果不勾选该选项，VRay将不渲染反射效果。

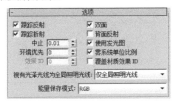

图2-16

2.3.4 贴图

【贴图】中的参数主要用于设置【凹凸】和【环境】，当然，对于【漫反射】、【反射】和【折射】中使用到的贴图，也能在该卷展栏中进行设置。展开【贴图】卷展栏，如图2-17所示。

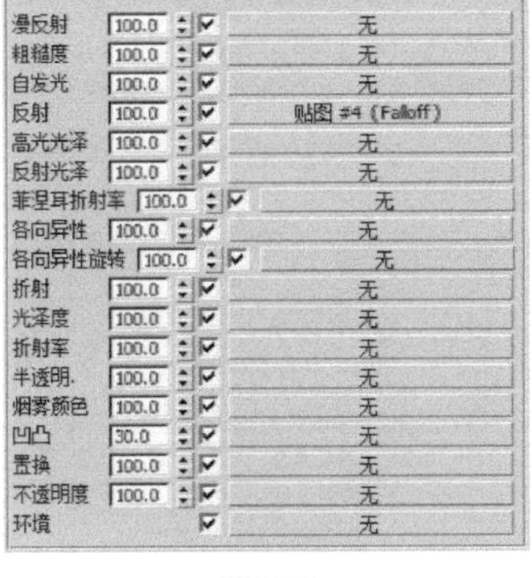

图2-17

重要参数解析

凸凹：主要用于制作物体的凹凸效果，在后面的通道中可以加载一张凹凸贴图。

置换：主要用于制作物体的置换效果，在后面的通道中可以加载一张置换贴图。

不透明度：主要用于制作透明物体，例如窗帘、灯罩等。

环境：主要是针对上面的一些贴图而设定的，比如反射、折射等，只是在其贴图的效果上加入了环境贴图效果。

> **TIPS**
>
> 在每个贴图通道后面都有一个数值输入框，该输入框内的数值主要有以下两个功能。
>
> 第1个：用于调整参数的强度。如在【凹凸】贴图通道中加载了凹凸贴图，那么该参数值越大，所产生的凹凸效果就越强烈。
>
> 第2个：用于调整参数颜色通道与贴图通道的混合比例。如在【漫反射】通道中既调整了颜色，又加载了贴图，如果此时数值为100，就表示只有贴图产生作用；如果数值调整为50，则两者各作用一半；如果数值为0，则贴图将完全失效，只表现为调整的颜色效果。

2.4 VRay灯光材质

【VRay灯光】材质主要用来模拟自发光效果，常用于制作电脑、电视和发光灯管等对象的材质。在【材质/贴图浏览器】对话框中可以找到【VRay灯光】材质，其参数设置面板如图2-18所示。

图2-18

重要参数解析

颜色：设置对象自发光的颜色，后面的输入框用于设置自发光的【强度】。通过后面的贴图通道可以加载贴图来代替自发光的颜色。

不透明度：用贴图来指定发光体的透明度。

背面发光：当勾选该选项时，它可以让材质光源双面发光。

2.5 VRay灯光系统

VRay渲染器拥有一套成熟的灯光系统，如图2-19所示，在室内效果图表现中，使用最频繁的就是VRay灯光，其次是【VRay太阳】。

图2-19

2.5.1 VRay灯光

VRay灯光可以用来模拟室内灯光，是效果图制作中使用频率最高的一种灯光，参数设置面板如图2-20所示，已经标示出了常用的参数。

图2-20

重要参数解析

类型：设置VRay灯光的类型，共有【平面】、【穹顶】、【球体】和【网格】4种类型，如图2-21所示。

图2-21

平面：将VRay灯光设置成平面形状，该光源以一个平面区域的方式显示，以该区域来照亮场景。由于该光源能够均匀柔和地照亮场景，因此常用于模拟自然光源或大面积的反光。

穹顶：将VRay灯光设置成穹顶状，光线来自于位于灯光z轴的半球体状圆顶。该光源能够均匀照射整个场景，光源位置和尺寸对照射效果几乎没有影响，常用于设置空间较为宽广的室内场景或在室外场景中模拟环境光。

球体：以光源为中心向四周发射光线，该光源常被用于模拟人造灯光，比如室内设计中的壁灯、台灯和吊灯光源。

网格：网格灯光是LWF渲染中比较常用的一种灯光，它可以拾取网格对象，将对象变为光源，具体用法在后面的效果图表现实例中会详细介绍。

> **TIPS**
>
> 【平面】、【穹顶】、【球体】和【网格】灯光的形状各不相同，因此它们可以运用在不同的场景中，如图2-22所示。
>
>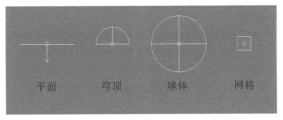
>
> 图2-22

倍增：设置VRay灯光的强度。

颜色：指定灯光的颜色。

1/2长：设置灯光的长度。

1/2宽：设置灯光的宽度。

双面：用来控制是否让灯光的双面都产生照明效果（当灯光类型设置为【平面】时有效，其他灯光类型无效），图2-23和图2-24所示的分别是开启与关闭该选项时的灯光效果。

图2-23

图2-24

不可见：这个选项用来控制最终渲染时是否显示VRay灯光的形状，图2-25和图2-26所示的分别是关闭与开启该选项时的灯光效果。

图2-25

图2-26

忽略灯光法线：这个选项控制灯光的发射是否按照灯光的法线进行发射，图2-27和图2-28所示的分别是关闭与开启该选项时的灯光效果，因为印刷问题可能在亮度上的区分比较不明显，关闭该选项的亮度要低于开启后的。

图2-27

图2-28

影响高光反射：该选项决定灯光是否影响物体材质属性的高光。

影响反射：勾选该选项时，灯光将对物体的反射区进行光照，物体可以将灯光进行反射。

细分：这个参数控制VRay灯光的采样细分。当设置比较低的值时，会增加阴影区域的杂点，但是渲染速度比较快；当设置比较高的值时，会减少阴影区域的杂点，但是会减慢渲染速度，如图2-29和图2-30所示。

图2-29　　　　　　　　　　　　　　图2-30

2.5.2　VRay太阳

【VRay太阳】主要用来模拟真实的室外太阳光。VRay太阳的参数比较简单，只包含一个【VRay太阳参数】卷展栏，如图2-31所示。

图2-31

重要参数解析

浊度：这个参数控制空气的混浊度，它影响VRay太阳和VRay天空的颜色。比较小的值表示晴朗干净的空气，此时VRay太阳和VRay天空的颜色比较蓝；图2-32和2-33所示的分别是【浊度】值为3和10时的阳光效果。

图2-32　　　　　　　　　　　　　　图2-33

　　臭氧：这个参数是指空气中臭氧的含量，较小的值的阳光比较黄，较大的值的阳光比较蓝，图2-34和图2-35所示的分别是【臭氧】值为0.1和1时的阳光效果。

图2-34

图2-35

　　强度倍增：这个参数是指阳光的亮度，默认值为1。

　　大小倍增：这个参数是指太阳的大小，它的作用主要表现在阴影的模糊程度上，较大的值可以使阳光阴影比较模糊。

　　过滤颜色：用于自定义太阳光的颜色。

　　阴影细分：这个参数是指阴影的细分，较大的值可以使模糊区域的阴影产生比较光滑的效果，并且没有杂点。

🔅 TIPS

　　在创建VRay太阳时会弹出一个对话框，询问是否创建【VRay天空】，如图2-36所示，这里选择【是】。

图2-36

　　下面介绍如何关联【VRay太阳】和【VRay天空】的方法。

　　第1步：按8键打开【环境和效果】对话框，按M键打开【材质编辑器】，将【环境贴图】拖曳到一个空白材质球上，确认为【实例】模式，单击【确定】按钮，如图2-37所示，此时在【材质编辑器】中出现【VRay天空】的参数，如图2-38所示，材质球的预览模式如图2-39所示。

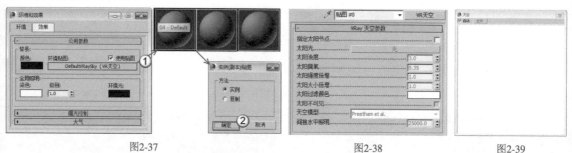

图2-37　　　　　　　　　　　　　　图2-38　　　　　　　　　图2-39

　　第2步：勼选【指定太阳节点】选项，单击【太阳光】后的　　　　　　无　　　　　，在视图中单击太阳图标来拾取【VRay太阳】，如图2-40所示。

　　第3步：【VRay天空参数】中的参数与【VRay太阳】中的参数意义相同，只是它们是控制天光的。通过调整【太阳强度倍增】，或者在视图中调整太阳角度，可以调整天光的颜色和强度，如图2-41所示。

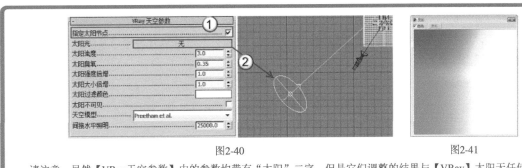

图2-40　　　　　　　　　　　　　　　　图2-41

　　请注意，虽然【VRay天空参数】中的参数均带有"太阳"二字，但是它们调整的结果与【VRay】太阳无任何关系，千万不要混淆了。

2.6 VRay渲染技术

　　VRay渲染技术是VRay最为重要的一个部分，它最大的特点是较好地平衡了渲染品质与计算速度。VRay提供了多种GI（全局照明）方式，使用户可以灵活地选择渲染方案：既可以选择快速高效的渲染方案，也可以选择高品质的渲染方案。按F10键就可以打开【渲染设置】对话框，加载了VRay的【渲染设置】对话框如图2-42所示。

图2-42

2.6.1 VRay

　　切换到【VRay】选项卡，如图2-43所示。

图2-43

1.【全局开关】卷展栏

【全局开关】展卷栏下的参数主要用来对场景中的灯光、材质、置换等进行全局设置，比如是否使用默认灯光，是否开启阴影，是否开启模糊等，如图2-44所示。

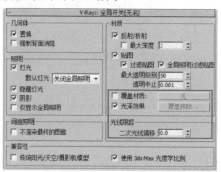

图2-44

重要参数解析

覆盖材质：是否给场景赋予一个全局材质。当在后面的通道中设置了一个材质后，那么场景中所有的物体都将使用该材质进行渲染，这在测试阳光效果及检查模型完整度时非常有用。

光泽效果：是否开启反射或折射模糊效果。当关闭该选项时，场景中带模糊的材质将不会渲染出反射或折射模糊效果。

二次光线偏移：这个选项主要用来控制有重面的物体在渲染时不会产生黑斑。如果场景中有重面，在默认值0的情况下将会产生黑斑，一般通过设置一个比较小的值来纠正渲染错误，比如0.001。但是如果这个值设置得比较大，比如10，那么场景中的间接照明将变得不正常。比如在图2-45中，地板上放了一个长方体，它的位置刚好和地板重合，当【二次光线偏移】数值为0的时候渲染结果不正确，出现黑块；当【二次光线偏移】数值为0.001的时候，渲染结果正常，没有黑斑，如图2-46所示。

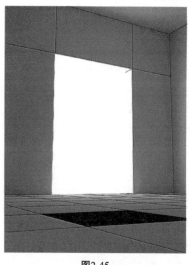

图2-45

图2-46

2.【图像采样器（反锯齿）】卷展栏

反（抗）锯齿在渲染设置中是一个必须调整的参数，其数值的大小决定了图像的渲染精度和渲染时间，但反锯齿与全局照明精度的高低没有关系，只作用于场景物体的图像和物体的边缘精度，其参数设置面板如图2-47所示。

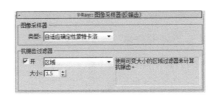

图2-47

重要参数解析

类型：用来设置【图像采样器】的类型，包括【固定】、【自适应DMC】和【自适应细分】3种类型。

固定： 对每个像素使用一个固定的细分值。该采样方式适合拥有大量的模糊效果（比如运动模糊、景深模糊、反射模糊、折射模糊等）或者具有高细节纹理贴图的场景。在这种情况下，使用【固定】方式能够兼顾渲染品质和渲染时间。

自适应确定性蒙特卡洛（自适应DMC）： 这是最常用的一种采样器，在下面的内容中还要单独介绍，其采样方式可以根据每个像素以及与它相邻像素的明暗差异来使不同像素使用不同的样本数量。在角落部分使用较高的样本数量，在平坦部分使用较低的样本数量。该采样方式适合拥有少量的模糊效果或者具有高细节的纹理贴图以及具有大量几何体面的场景。

自适应细分： 这个采样器具有负值采样的高级抗锯齿功能，适用于在没有或者有少量的模糊效果的场景中，在这种情况下，它的渲染速度最快，但是在具有大量细节和模糊效果的场景中，它的渲染速度会非常慢，渲染品质也不高，这是因为它需要去优化模糊和大量的细节，这样就需要对模糊和大量细节进行预计算，从而把渲染速度降低。同时该采样方式是3种采样类型中最占内存资源的一种，而【固定】采样器占的内存资源最少。

开：当勾选【开】选项以后，可以从后面的下拉列表中选择一个抗锯齿过滤器来对场景进行抗锯齿处理；如果不勾选【开】选项，那么渲染时将使用纹理抗锯齿过滤器。抗锯齿过滤器的类型有以下16种，如图2-48所示，常用的有以下4种。

图2-48

区域： 用区域大小来计算抗锯齿。

Mitchell-Netravali：一种常用的过滤器，能产生微量模糊的图像效果。

Catmull-Rom：一种具有边缘增强的过滤器，可以产生比较清晰的图像效果。

VRaySincFilter：是VRay新版本中的抗锯齿过滤器，可以很好地平衡渲染速度和质量。

大小：设置过滤器的大小。

3.【自适应DMC图像采样器】卷展栏

【自适应DMC图像采样器】是一种高级抗锯齿采样器。展开【图像采样器（反锯齿）】卷展栏，然后在【图像采样器】选项组下设置【类型】为【自适应确定性蒙特卡洛】，此时系统会增加一个【自适应DMC图像采样器】卷展栏，如图2-49所示。

图2-49

重要参数解析

最小细分：定义每个像素使用样本的最小数量。

最大细分：控制全局允许的最大细分数和最大样本数。

颜色阈值：色彩的最小判断值，当色彩的判断达到这个值以后，就停止对色彩的判断。具体一点就是分辨哪些是平坦区域，哪些是角落区域。这里的色彩应该理解为色彩的灰度。

显示采样：勾选该选项后，可以看到【自适应DMC】的样本分布情况。

使用确定性蒙特卡洛采样器阈值：如果勾选了该选项，【颜色阈值】选项将不起作用，取而代之的是采用DMC（自适应确定性蒙特卡洛）图像采样器中的阈值。

4.【颜色贴图】卷展栏

【颜色贴图】卷展栏下的参数主要用来控制整个场景的颜色和曝光方式，如图2-50所示。

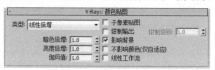

图2-50

重要参数解析

类型：提供不同的曝光模式，包括【线性倍增】、【指数】、【HSV指数】、【强度指数】、【伽玛校正】、【强度伽玛】和【莱因哈德】7种模式，常用的有以下3种。

线性倍增：这种模式将基于最终色彩亮度来进行线性的倍增，可能会导致靠近光源的点过分明亮，如图2-51所示。【线性倍增】模式包括3个局部参数，【暗色倍增】是对暗部的亮度进行控制，加大该值可以提高暗部的亮度；【亮度倍增】是对亮部的亮度进行控制，加大该值可以提高亮部的亮度；【伽玛值】主要用来控制图像的伽玛值。

图2-51

指数：这种曝光是采用指数模式，它可以降低靠近光源处表面的曝光效果，同时场景颜色的饱和度会降低，如图2-52所示。【指数】模式的局部参数与【线性倍增】一样。

莱因哈德：这种曝光方式可以把【线性倍增】和【指数】曝光混合起来。它包括一个【加深值】局部参数，主要用来控制【线性倍增】和【指数】曝光的混合值，0表示【线性倍增】不参与混合，如图2-53所示；1表示【指数】不参加混合，如图2-54所示；0.5表示【线性倍增】和【指数】曝光效果各占一半，如图2-55所示。

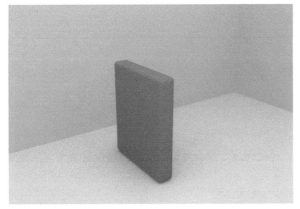

图2-52

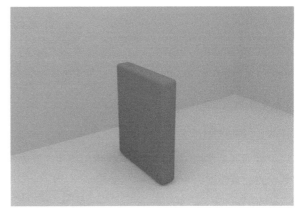

图2-53

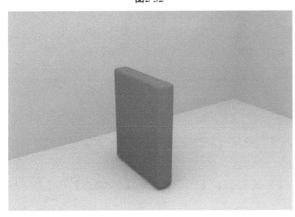

图2-54

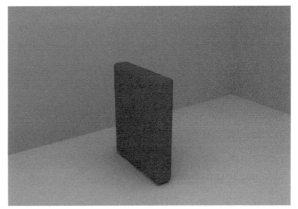

图2-55

　　子像素映射：在实际渲染时，物体的高光区与非高光区的界限处会有明显的黑边，而开启【子像素映射】选项后就可以缓解这种现象。

　　钳制输出：当勾选这个选项后，在渲染图中有些无法表现出来的色彩会通过限制来自动纠正。但是当使用HDRI（高动态范围贴图）的时候，如果限制了色彩的输出会出现一些问题。

　　影响背景：控制是否让曝光模式影响背景。当关闭该选项时，背景不受曝光模式的影响。

2.6.2 间接照明

　　切换到【间接照明】选项卡，如图2-56所示。下面重点讲解【间接照明（GI）】、【发光图】和【灯光缓存】卷展栏下的参数。

图2-56

在默认情况下是没有【灯光缓存】卷展栏的，要调出这个卷展栏，需要先在【间接照明（GI）】卷展栏下将【二次反弹】的【全局照明引擎】设置为【灯光缓存】，如图2-57所示。

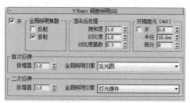

图2-57

1.【间接照明（GI）】卷展栏

开启间接照明后，光线会在物体与物体间互相反弹，因此光线计算会更加准确，图像也更加真实，其参数设置面板如图2-58所示。

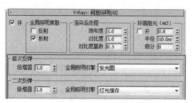

图2-58

重要参数解析

首次反弹：用于设置光线的首次反弹。

倍增器：控制【首次反弹】的光的倍增值。值越高，【首次反弹】的光的能量越强，渲染场景越亮，默认情况下为1。

全局照明引擎：设置【首次反弹】的GI引擎，包括【发光图】、【光子图】、【BF算法】和【灯光缓存】4种，常设置为【发光图】。

二次反弹：用于设置光线的二次反弹。

倍增器：控制【二次反弹】的光的倍增值。值越高，【二次反弹】的光的能量越强，渲染场景越亮，最大值为1，默认情况下也为1。

全局照明引擎：设置【二次反弹】的GI引擎，包括【无】（表示不使用引擎）、【光子图】、【BF算法】和【灯光缓存】4种，常设置为【灯光缓存】。

2.【发光图】卷展栏

【发光图】中的【发光】描述了三维空间中的任意一点及全部可能照射到这点的光线，它是一种常用的全局光引擎，只存在于【首次反弹】引擎中，其参数设置面板如图2-59所示。

图2-59

重要参数解析

当前预置：设置发光图的预设类型，共有以下8种。

自定义：选择该模式时，可以手动调节参数。

非常低：这是一种非常低的精度模式，主要用于测试阶段。

低：一种比较低的精度模式，不适合用于保存光子贴图。

中：一种中级品质的预设模式。

中-动画：用于渲染动画效果，可以解决动画闪烁的问题。

高：一种高精度模式，一般用在光子贴图中。

高-动画：比中等品质效果更好的一种动画渲染预设模式。

非常高：预设模式中精度最高的一种，可以用来渲染高品质的效果图。

半球细分：因为VRay采用的是几何光学，所以它可以模拟光线的条数。这个参数就是用来模拟光线的数量，值越高，表现的光线越多，那么样本精度也就越高，渲染的品质也越好，同时渲染时间也会增加，图2-60和图2-61所示的是【半球细分】为10和100时的效果对比。

图2-60

图2-61

> **TIPS**
>
> 由于印刷油墨问题，可能效果不是特别清楚。图2-60中的对象平面出现了黑斑，表面也比较粗糙；图2-61所示的对象平面相对来说就要细腻、平滑不少。

插值采样：这个参数是对样本进行模糊处理，较大的值可以得到比较模糊的效果，较小的值可以得到比较锐利的效果，图2-62和图2-63所示的是【插值采样】为2和20时的效果对比。

图2-62

图2-63

开：是否开启【细节增强】功能。

比例：细分半径的单位依据，有【屏幕】和【世界】两个单位选项。【屏幕】是指用渲染图的最后尺寸来作为单位；【世界】是用3ds Max系统中的单位来定义的。

半径：表示细节部分有多大区域使用【细节增强】功能。【半径】值越大，使用【细节增强】功能的区域也就越大，同时渲染时间也越慢。

细分倍增：控制细部的细分，但是这个值和【发光图】里的【半球细分】有关系，0.3代表细分是【半球细分】的30%；1代表和【半球细分】的值一样。值越低，细部就会产生杂点，渲染速度比较快；值越高，细部就可以避免产生杂点，同时渲染速度会变慢。

3.【灯光缓存】卷展栏

【灯光缓存】与【发光图】比较相似，都是将最后的光发散到摄影机后得到最终图像，只是【灯光缓存】与【发光图】的光线路径是相反的，【发光图】的光线追踪方向是从光源发射到场景的模型中，最后再反弹到摄影机，而【灯光缓存】是从摄影机开始追踪光线到光源，摄影机追踪光线的数量就是【灯光缓存】的最后精度。由于【灯光缓存】是从摄影机方向开始追踪光线的，所以最后的渲染时间与渲染的图像的像素没有关系，只与其中的参数有关，一般适用于【二次反弹】，其参数设置面板如图2-64所示。

图2-64

重要参数解析

细分：用来决定【灯光缓存】的样本数量。值越高，样本总量越多，渲染效果越好，渲染时间越慢。

采样大小：用来控制【灯光缓存】的样本大小，比较小的样本可以得到更多的细节，但是同时需要更多的样本。

进程数：这个参数由CPU的个数来确定，如果是单CPU单核单线程，那么就可以设定为1；如果是双线程，就可以设定为2。注意，这个值设定得太大会让渲染的图像有点模糊。

存储直接光：勾选该选项以后，【灯光缓存】将保存直接光照信息。当场景中有很多灯光时，使用这个选项会提高渲染速度。因为它已经把直接光照信息保存到【灯光缓存】里，在渲染出图的时候，不需要对直接光照再进行采样计算。

显示计算相位：勾选该选项以后，可以显示【灯光缓存】的计算过程，方便观察。

预滤器：当勾选该选项以后，可以对【灯光缓存】样本进行提前过滤，它主要是查找样本边界，然后对其进行模糊处理。后面的值越高，对样本进行模糊处理的程度越深。

2.6.3 设置选项卡

切换到【设置】选项卡，其中包含3个卷展栏，分别是【DMC采样器】、【默认置换】和【系统】卷展栏，如图2-65所示。

图2-65

1.【DMC采样器】卷展栏

【DMC采样器】卷展栏下的参数可以用来控制整体的渲染质量和速度，其参数设置面板如图2-66所示。

图2-66

重要参数解析

适应数量：主要用来控制适应的百分比。

噪波阈值：控制渲染中所有产生噪点的极限值，包括灯光细分、抗锯齿等。数值越小，渲染品质越高，渲染速度就越慢。

最小采样值：设置样本及样本插补中使用的最少样本数量。数值越小，渲染品质越低，速度就越快。

全局细分倍增器：VRay渲染器有很多【细分】选项，该选项是用来控制所有细分的百分比。

2.【系统】卷展栏

【系统】卷展栏下的参数不仅对渲染速度有影响，而且还会影响渲染的显示和提示功能，其参数设置面板如图2-67所示。

图2-67

重要参数解析

最大树形深度：控制根节点的最大分支数量。较高的值会加快渲染速度，同时会占用较多的内存。

最小叶片尺寸：控制叶节点的最小尺寸，当达到叶节点尺寸以后，系统停止计算场景。0表示考虑计算所有的叶节点，这个参数对速度的影响不大。

面/级别系数：控制一个节点中的最大三角面数量，当未超过临近点时计算速度较快；当超过临近点以后，渲染速度会减慢。所以，这个值要根据不同的场景来设定，进而提高渲染速度。

动态内存限制：控制动态内存的总量。注意，这里的动态内存被分配给每个线程，如果是双线程，那么每个线程各占一半的动态内存。如果这个值较小，那么系统经常在内存中加载并释放一些信息，这样就减慢了渲染速度。用户应该根据自己的内存情况来确定该值。

2.6.4　常用渲染参数

在前面，花了大量的篇幅来介绍VRay的渲染参数，对于这么多渲染参数，要在短时间内掌握其作用也不太现实。下面我给出了两套常用参数，分别用于"测试渲染"和"最终渲染"，大家可以先掌握这两套参数，然后通过前面介绍的内容，根据设计需要，进行修改即可。

1.测试渲染

"测试"贯穿于整个效果图制作流程,无论是检查模型、灯光测试和材质测试等,都需要通过渲染来测试。在设置测试参数的时候,通常以效率为主,即在能接受最低质量的情况下,尽可能地提升渲染速度,参考参数设置如图2-68和2-69所示。

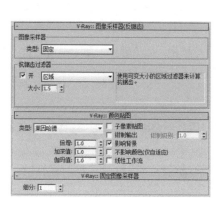

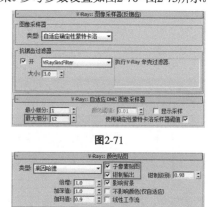

图2-68　　　　　　　　　　　　　　　图2-69

2.最终渲染

相比于"测试渲染"的使用频率,正常情况下,每个室内效果图表现,仅有一次"最终渲染"。"最终渲染"的宗旨是:在时间允许的情况下,尽可能地追求图像的质量和效果。参考参数设置如图2-70~图2-75所示。

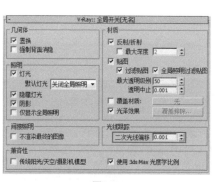

图2-70

图2-71

图2-72

图2-73　　　　　　　　　　图2-74　　　　　　　　　　图2-75

"测试渲染"与"最终渲染"在参数上的设置都差不多，区别仅在于数值的大小。对于VRay渲染，影响质量的是【图像采样器（反锯齿）】和【间接照明】选项卡下的参数。

对于【间接照明】的GI搭配，上述参考中给出的是【发光图】+【灯光缓存】，这是目前商业效果图中比较常用的一套GI组合，这套组合在质量和速度上都能满足需求；另外，如果想追求更好的质量，可以考虑【BF算法】+【BF算法】，这是渲染质量最好的一种组合方式，当然，这种组合方式舍弃了渲染速度。

2.7　室内效果图的制作流程

以大家目前的3ds Max水平，相信都知道3ds Max的"建模→材质→灯光→渲染"制作流程，其实效果图的制作流程与之类似，即"组建空间模型→摄影构图→布置灯光→材质模拟→渲染成图→后期处理"。

2.7.1　组建空间模型

为什么叫"组建空间模型"？即"组合"+"创建"。

所谓"创建"，即创建室内场景的场景结构模型，即通过户型图（通常是CAD图纸），创建空间结构，简单来说，就是将墙体、顶部和地面结构创建出来。

至于"组合"，就是将家具家电模型，布置到空间场景中去。因为随着室内效果图行业的不断发展，对于家具家电模型，已经不再由设计师来建模了，基本上都是通过相关网站或者相关资源库进行获取。

2.7.2　摄影构图

在第1章中，我们已经了解了构图的相关内容，在使用3ds Max进行构图的时候，使用的工具通常是【目标】摄影机或者【VRay物理摄影机】。通过控制摄影机来确定拍摄的视角、镜头等，通过【渲染设置】中【图像纵横比】来控制画面的比例。

2.7.3　布置灯光

传统的室内效果图表现，有一套成熟的布光流程，即"天光→阳光→室内光→补光"。所谓"补光"，是实际上不存在的灯光，仅仅是为了满足效果图表现需求才存在的。一般情况下，"补光"都是【VRay灯光】。

而"补光"的使用，就为室内效果图埋下了一个隐患。

室内效果图，其实就是装修预览图，所以客户理解的就是"我的房子装修出来就是这个样子，灯光的效果也是这个样子"。然而，实际施工根本没有补光的说法，所以这就是为什么实际装修出来的效果与效果图有明显的差异。

为了尽可能避免这个误差。LWF就诞生了，使用LWF可以纠正布光方式，即：有灯光的地方才打光，不使用任何"补光"。

关于LWF的具体解释，在本章最后会进行详细介绍。

2.7.4　材质模拟

前面已经提到，VRayMtl材质球几乎可以模拟室内效果图中的所有材质，所以，此环节就是通过VRayMtl

材质球来制作家具、家电、墙面和地面等对象的材质，然后将它们分别指定给对应模型，通过【UVW贴图】修改器进行处理即可，如图2-76所示。

目前，大多数室内设计师或者效果图爱好者，都会将相关材质资源给分享出来，大家可以通过相关途径（网站下载）来获取这些资源，然后将它们保存在磁盘中，通过在3ds Max的菜单命令中执行【渲染】>【材质/贴图浏览器】命令来打开【材质/贴图浏览器】对话框，然后使用【打开材质库】命令，即可加载磁盘中的材质资源，如图2-77所示。

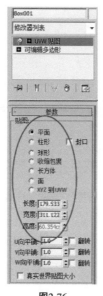

图2-76   图2-77

💡 **TIPS**

加载好材质资源后，在【材质/贴图浏览器】中会自动显示材质资源，拖曳它们到【材质编辑器】中的空白材质球上，就能直接使用了。

另外，大家也可以通过【新材质库】将自己的材质保存到磁盘中，以方便后面的材质调用。

2.7.5 渲染设置

关于渲染设置，使用的都是VRay渲染技术的参数，对于如何设置这些参数，大家可以参看"VRay渲染技术"中的内容。

需要注意的是，在商业效果图渲染中，质量和速度应该取以个折中的方案，不能顾此失彼。

2.7.6 后期处理

再好的渲染参数，渲染出来的图都会有瑕疵，加上LWF渲染出来的图都会偏灰，以及需要为效果图添加某种氛围和效果，所以，还要对渲染成图进行相关处理。目前，最常用的效果图后期处理软件就是Photoshop。

后期处理一般包括曝光度、亮度、色调、层次感和整体氛围的处理，它们都是在Photoshop中完成的。另外，为了在修图的时候，能够对具体对象（比如家具）进行选取，都会使用"渲染ID通道"，在渲染成图的时候，通过设置相关通道，就可以得到对应的通道图了，如图2-78所示，"渲染ID通道"如图2-79所示。

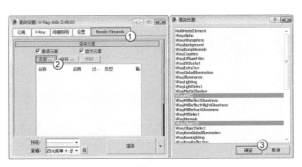

图2-78　　　　　　　　　　　　　　　　　　　图2-79

TIPS

图中不同的色块，即代表不同的对象部分，大家可以简单地理解为：一个色块就是一个对象。将它们导入到Photoshop中，通过这些通道就能快速准确地选择相关对象，以便于对相关细节进行调整。

2.8 LWF线形工作流

随着装修装饰行业的兴起和发展，效果图表现行业发展得也是如火如荼。虽然效果图表现的流程遵循着固有的模式，然而随着社会的不断需求，越来越多的企业和设计师开始逐渐从传统效果图渲染模式转变为LWF（线形工作流）渲染模式。

2.8.1 什么是LWF

LWF线性工作流的宗旨是"所见即所得"。从软件端来说，传统效果图渲染模式和LWF渲染模式的本质区是Gamma值：在传统的效果图制作流程中，使用Gamma1.0来表述整个颜色空间的色阶；在LWF线性工作流程中，会使用Gamma2.2来表述计算结果颜色空间的色阶。图2-80和图2-81所示分别是传统渲染模式和LWF渲染模式的效果，如果从效果图布光来看，前者必须通过"补光"才能得到完美的光照效果。

图2-80　　　　　　　　　　　　　　　　　　　图2-81

也许大家会认为，LWF和传统渲染模式的区别在于亮度，这是错误的。在LWF下，布光的方式发生了根本的变化。对于传统效果图布光的"补光"法，LWF的优势是：只需要在场景中真实存在光源的地方进行打光即可。比如灯泡，可以直接使用球形光源来模拟灯泡，而不需要设置现实中不存在的面光灯来补光，仅仅通过满足真实光照度设计要求的光源数量和位置来打光，即可得到真实的照明效果。所以，使用LWF归根结底是优化打光的方法，从初始思路上就遵从现实场景的灯光设计，避免使用过量的灯光，这不仅使打光的过程变得非常简单真实，还提升了效果图制作的效率，更加满足商业化的需求。可以说，使用LWF可以真正满足"预览装修后"的效果，从而使设计与施工能够完美吻合。使用LWF制作效果图，更像是使用相机拍照的过程，还原的是真实的场景。

2.8.2 LWF的设置方法

前面已经提到过，在软件端，LWF和传统渲染模式的本质区别在于Gamma值，所以，通过设置3ds Max的相关Gamma即可设置LWF工作流。

第1步：在3ds Max的菜单栏中执行【自定义】>【首选项】命令，如图2-82所示。

第2步：打开【首选项设置】对话框，切换到【Gamma和LUT】选项卡，勾选【启用Gamma/LUT校正】选项，设置设置Gamma为2.2，勾选【影响颜色选择器】和【影响材质选择器】选项，如图2-83所示。

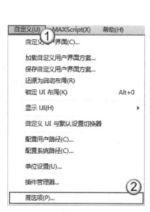

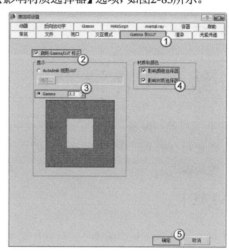

图2-82   图2-83

> **TIPS**
>
> 此处的设置决定了3ds max界面中的【颜色拾取器】和【材质编辑器】，所以在设置后，【材质编辑器】和视图区域都会发生显示变化。

2.8.3 LWF的注意事项

虽然LWF模式下的效果图制作仍然保持了固有流程，但是对效果有很大的影响，下面列出比较重要的3点注意事项。

第1点：因为大部分人在使用3ds Max的时候已经熟悉了Gamma 1.0的模式，所以在使用LWF模式布光的时候，千万不要随意补光。在LWF模式中，仅需要按真实世界的灯光格局打光，即哪里有光打哪里。

第2点：LWF渲染的图像都会偏灰，因为LWF线性工作流的目的就是还原真实世界的灰阶和还原摄像机摄影的过程。对于这个问题，可以通过后期处理来解决。

第3点：LWF对效果图影响最大的还是布光方式，所以在制作的时候仅仅需要注意布光的方式即可。当布光完成后，且当光照强度都合适的情况下，如果画面仍然偏暗，不要增加"补光"，更不能增加灯光亮度。这时候，可以考虑在设计上增加灯具，也可以考虑使用【渲染设置】中的【颜色贴图】来控制曝光度。

家装——现代客厅日光效果表现

类别	链接位置	资源名称
初始文件	场景文件	现代客厅.max
成品文件	完成文件>现代客厅	现代客厅.max，现代客厅.psd
视频文件	教学视频>现代客厅	构图.mp4，材质.mp4，灯光.mp4，渲染.mp4，后期.mp4

学习目标

- 掌握室内效果图的制作流程
- 掌握传统效果图制作模式
- 掌握半封闭空间的布光方式

- 掌握地板、木纹、玻璃等常用材质的制作方法
- 掌握后期处理的流程和方法

- 掌握现代风格的表现方法
- 掌握效果图制作中的操作小技巧

3.1 项目介绍

　　本场景是一个带落地窗的客厅空间（包含餐厅），考虑现代风格的简约实用，建议表现为日光效果：通过落地窗捕捉太阳光作为客厅的主光，然后通过室内灯光点缀修饰整体光效，可以使用面片制作室外环境，用最少的灯具来照亮场景，切合简单实用的主题。另外，家具装饰方面也应该追求简单实用，所以墙体不需要过多的修饰，乳胶漆和壁纸是个不错的选择；家具陈设只选用生活需要的电视、沙发、餐桌椅、地毯和茶几即可，最大限度地去利用空间。图3-1所示是现代风格日光客厅的表现效果，没有多余的装饰和浮华的光效，整个场景突出的就是简约实用，在色彩方面也没有过分讲究，跳跃性非常强。

图3-1

3.2 场景构图

（扫码观看视频）

　　启动3ds Max 2014，打开资源文件中的"场景文件>现代客厅.max"文件，如图3-2所示。下面将使用摄影机对场景进行取景。

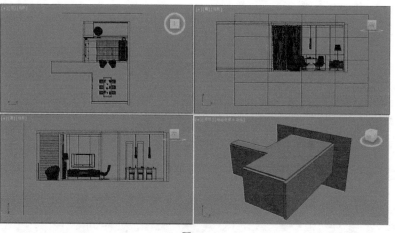

图3-2

3.2.1 设置画面比例

为了准确取景，在创建摄影机前，建议对画面比例进行确定，因为是客厅空间，为了更好地展示空间中的家具对象，此处选择了横构图的画面比例。

step 1 按F10键打开【渲染设置】对话框，在【公用参数】中设置【宽度】为600、【高度】为450，此时【图像纵横比】自动生成为1.333，如图3-3所示。

图3-3

TIPS

确认了图像画面比例后，建议直接单击锁定按钮 🔒 将画面比例锁定，如图3-4所示。这样，在后面设置渲染图的大小的时候，只需要设置【宽度】和【高度】中的任意一个参数就可以了。

图3-4

---

step 2 选择透视图，按快捷键Shift+F激活【安全框】，如图3-5所示，最外面黄色边框所框的区域就是最终的渲染区域，此时的比例就是最终图像的比例。

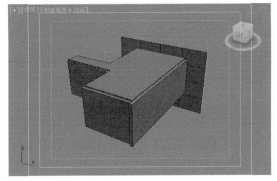

图3-5

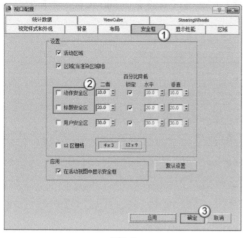

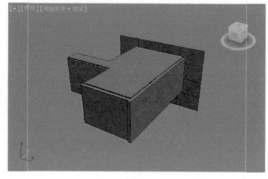

为了方便观察，可以执行【视图】>【视口配置】菜单命令，打开【视口配置】对话框，切换到【安全框】选项卡，取消勾选【动作安全区】和【标题安全区】，单击【确定】按钮，如图3-6所示，此时的视图效果如图3-7所示，相较于图3-5，此时的视图要简明许多，也便于观察。

图3-6

图3-7

3.2.2 创建目标摄影机

确定好画面比例和激活安全框后，下面开始创建摄影机，进行室内场景的取景。

step 1 在创建面板中选择【目标】摄影机，切换到顶视图，在视图中拖曳光标创建一台摄影机，使摄影机从右下角拍摄，目标点设置在左上角（阳台）的沙发处，如图3-8所示。

step 2 切换到透视图，按C键进入摄影机视图，此时的拍摄效果如图3-9所示，因为摄影机没入墙体，所以被挡住了，无法拍摄。

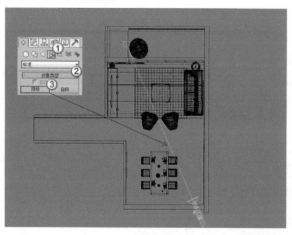

图3-8

图3-9

step 3 切换到顶视图，选中摄影机，切换到修改面板，设置【镜头】为23.458、【视野】为75，勾选【手动剪切】，设置【近距剪切】为750mm、【远距剪切】为20000mm，如图3-10所示。

step 4 切换到摄影机视图，此时的拍摄效果如图3-11所示，室内可以被拍摄了，但此时的摄影机高度位置明显不正确。

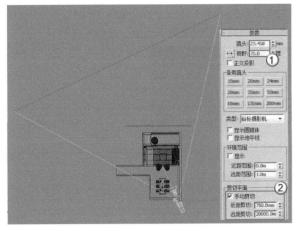

图3-10

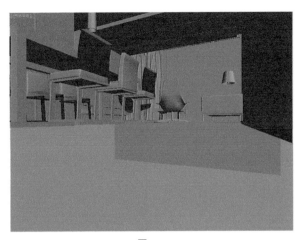

图3-11

TIPS

对于【剪切平面】的功能，这是3ds Max的基础知识。这里再说明一下：【近距剪切】表示拍摄的最近距离，超出此距离的内容被拍摄；【远距剪切】表示拍摄的最远距离，在此距离内的内容被拍摄。大家可以观察图3-10所示中的摄影机，有两条红色的线，远端的是【远距剪切】，近处是【近距剪切】，两条红线之间的区域即可拍摄区域，之外的区域即不可拍摄区域。此时，【近距剪切】的位置在室内，表示摄影机可以拍摄到室内。

step 5 切换到左视图，调整摄影机和目标点的位置如图3-12所示，再次切换到摄影机视图，拍摄效果如图3-13所示。

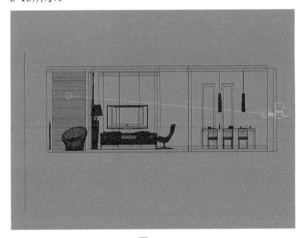

图3-12

图3-13

TIPS

此时摄影机就差不多创建完成了，为了方便大家还原实例，给出了摄影机的具体位置，用户可以调整摄影机的坐标值，来确定摄影机的具体位置。图3-14所示是目标点的坐标值，图3-15所示是摄影机的坐标值。因为界面显示问题，请注意它们的单位为毫米（mm）。

X: 5292.896m Y: 8139.521m Z: 2045.768m

图3-14

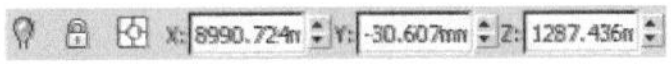

X: 8990.724m Y: -30.607mm Z: 1287.436m

图3-15

step 6 注意观察3-13所示的拍摄效果，相信细心的朋友已经发现，透视出了问题，比如倾斜的墙体。所以，选中摄影机，在视图中单击鼠标右键，在弹出的菜单中选择【应用摄影机矫正修改器】，如图3-16所示。

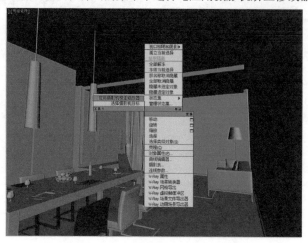

图3-16

step 7 系统会为摄影机加载一个【摄影机校正】修改器，用于矫正当前摄影机的透视效果。进入修改面板，可以查看到【摄影机校正】修改器，设置【数量】为-3.365、【方向】为90°，如图3-17所示，此时的摄影机拍摄效果如图3-18所示，透视已经正确了。

图3-17

图3-18

3.2.3 检查模型

无论是建模还是导入的模型，在构建完场景后，都会对模型进行测试渲染，检查是否有重面、漏光以及破面等问题。所以，通常在此步就会设置测试参数，这个参数会贯穿整个效果图表现的过程。

step 1 按F10键打开【渲染设置】对话框，由于在设置画面比例的时候，已经设置了【宽度】为600、【高度】为450，且锁定【图像纵横比】为1.333，如图3-19所示，这个图像大小比较适合测试图的大小，所以，保持不变即可。

step 2 切换到VRay选项卡，打开【图像采样器（反锯齿）】卷展栏，设置【图像采样器】的【类型】为【固定】，打开【抗锯齿过滤器】，选择【区域】，如图3-20所示。

step 3 切换到【间接照明】选项卡，打开【间接照明（GI）】卷展栏，勾选【开】启动全局照明，分别设置【首次反弹】和【二次反弹】的【全局照明引擎】为【发光图】和【灯光缓存】，如图3-21所示。

step 4 打开【发光图】卷展栏，设置【当前预置】为【非常低】、【半球细分】为20、【插值采样】为20，如图3-22所示。

step 5 打开【灯光缓存】卷展栏，设置【细分】为300、【进程数】为8，如图3-23所示。

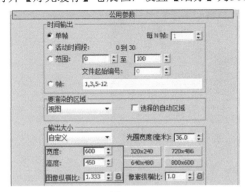

图3-19

图3-20

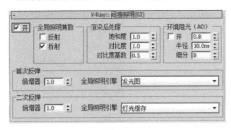

图3-21

图3-22

图3-23

TIPS

关于【进程数】的设置，是以计算机配置为准的，即计算机CPU的线程数是多少就是多少，比如我的计算机CPU是4核8线程，所以这里设置的就是8。关于如何查CPU的线程数，可以按快捷键Ctrl+Alt+Delete打开【Windows任务管理器】，然后切换到【性能】选项卡，在CPU使用记录中就可以查看CPU的线程数，如图3-24所示，此时有8个格子，表示有8个线程。

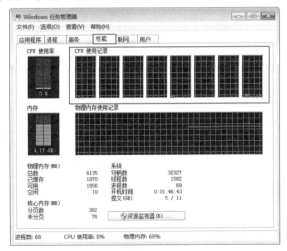

图3-24

step 6 切换到顶视图，使用【VRay灯光】在场景中创建一盏【穹顶】灯光，用于模拟天光，灯光位置如图3-25所示。

TIPS

隐藏这3个模型，是为了方便天光能够进入场景。另外，为了方便大家观察具体选择对象，这里使用了【线框】显示效果，可以使用F3键来进行切换。

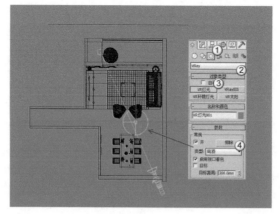

图3-25

step 7 按P键切换到透视图，选择外景面片、阳台的玻璃和落地窗的玻璃模型，单击鼠标右键，在弹出的菜单中选择【隐藏选定对象】，如图3-26所示。

step 8 按C键切换到摄影机视图，按快捷键Shift+Q渲染场景，效果如图3-27所示，通过渲染效果可以看出，模型没有问题。

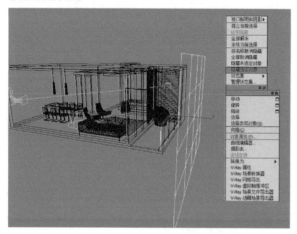

图3-26

图3-27

3.3 灯光布置

（扫码观看视频）

构图和模型检查都处理好了，下面开始对场景进行补光，本实例使用的是传统效果图的表现方法，所以会使用"补光"法。整个场景为半封闭场景，且为现代风格，所以灯光应以简单使用为主。下面是打光思路。

第1步：以太阳光为主光照亮场景。

第2步：使用"补光"补充天光照明。

第3步：在室内使用筒灯和吊灯丰富灯光效果。

另外，在布置灯光前，必须删除检查模型时所用的穹顶光。

千万要记得删除！

千万要记得删除！

千万要记得删除！

重要的事情说3遍。

3.3.1 创建太阳光

step 1　切换到顶视图，使用【目标平行光】在场景中创建一盏灯光，用于模拟太阳光照明，灯光的位置如图3-28所示。

step 2　切换到左视图，调整太阳光和目标点的位置，如图3-29所示。

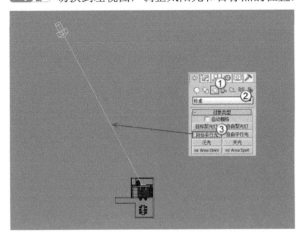

图3-28

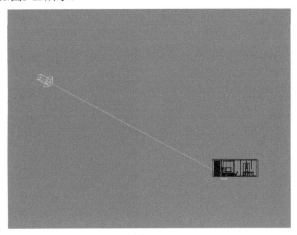

图3-29

TIPS

图3-30所示是太阳光的坐标值，图3-31所示是目标点的坐标值，单位为毫米（mm）。

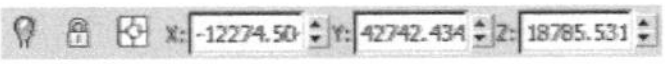

X: -12274.50 Y: 42742.434 Z: 18785.531

图3-30

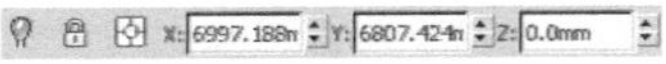

X: 6997.188m Y: 6807.424m Z: 0.0mm

图3-31

请注意，我这里给出坐标值，是为了方便大家还原效果。大家在根据步骤创建好灯光后，可以使用该数据来进行微调。千万不要直接输入数字，如果大家直接调用数据来创建灯光，那么将永远学不好效果图的布光。通过步骤进行布光，虽然位置和角度把握不好，但是对于练习布光的手感是非常重要的。

其实，对于效果图的学习，建议大家不要过分依赖本书的数据，一个场景可以拥有多个效果，一千个读者就有一千个哈姆雷特。对于效果图的学习，最重要的是思路和制作流程，而不是某个对象的具体数据。

step 3　选中创建的灯光，切换到修改面板，勾选【启用】，选中【VRay阴影】，设置【倍增】为1.5，设置颜色为（红:255，绿:232，蓝:196），选择【圆】，勾选【球体】，设置【U大小】、【V大小】、【W大小】为300mm，如图3-32所示。

图3-32

TIPS

对于灯光的的参数数据，都是通过测试而来的，这里因为篇幅问题，我直接调用了最终文件中的数据。请注意，灯光的难点就在于位置和强度的把握，对于这两部分，都要不断调整，不断测试渲染，才能得到最终的位置和值，所以，对于室内效果图的布光，耐性是首要的心理素质。

step 4 切换到摄影机视图，按快捷键Shift+Q渲染场景，效果如图3-33所示。

图3-33

TIPS

此时，通过观察窗口的太阳光，可以发现灯光强度足够了，对于室内的暗部区域，如图3-34所示，可以考虑使用天光（补光）来处理。之所以这里不增加太阳光强度，是因为如果增加太阳光强度，灯光直射对象（窗口）就会曝光过度。所以，在效果图布光中，当灯光强度足够的时候，如果还是照不亮场景，千万不能增加灯光强度，这个时候应该考虑"补光"或者使用【颜色贴图】来控制暗部曝光。

图3-34

3.3.2 创建天光

创建好太阳光后，室内亮度并不充足，考虑到这是一个半封闭空间，所以天光照明是不可少的，这里为了简化布光，考虑使用"补光"来作为天光的照明效果。

step 1 切换到前视图，使用【VRay灯光】在落地窗外创建一盏【平面】灯光，位置如图3-35所示。

step 2 切换到顶视图，调整灯光的位置，如图3-36所示。

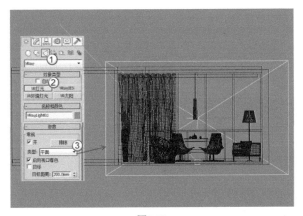

图3-35

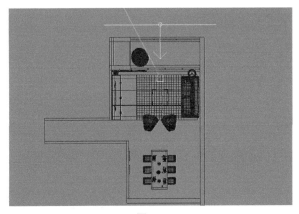

图3-36

TIPS

灯光的坐标位置如图3-37所示。

图3-37

step 3　选择创建的【VRay灯光】，切换到修改面板，设置【倍增器】为8、【颜色】为（红:196，绿:213，蓝:239），勾选【不可见】选项，如图3-38所示。

图3-38

TIPS

对于【大小】的数值，我在制作的时候没有去设置，这里框选出来，只是给大家一个参考。通常情况下，对于【平面】灯光的大小，是没有具体参数去限制的，而是根据场景中的进光口来绘制的，绘制得稍微比进光口大一点即可。

step 4　切换到摄影机视图，按快捷键Shift+Q渲染场景，如图3-39所示。

图3-39

　　此时场景被天光照亮，强度适宜，场景中有曝光过度的地方，如图3-40所示，这是因为在【渲染设置】中未对曝光参数（【颜色贴图】）进行设置，所以不用在意曝光过度的地方。在灯光布置过程中，首要任务就是控制亮度，曝光的问题可以最后来解决。

图3-40

3.3.3 创建筒灯

　　在前面，自然灯光已经创建好后，场景照明其实也已经完成了。从实用性来讲，灯光布置其实已经完成了，但是，既然是效果图，就要考虑艺术性，所以为了使灯光效果更加丰富，更加有层次感，接下来将使用室内灯光来点缀场景。

step 1　为了便于观察灯筒位置，可以考虑将窗帘模型隐藏，如图3-41所示。

step 2　切换到前视图，使用【目标灯光】在灯筒处，从上往下拖曳光标创建灯光，如图3-42所示。

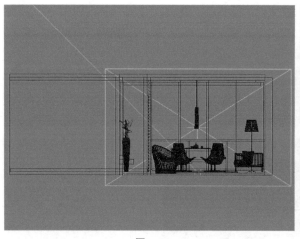

图3-41

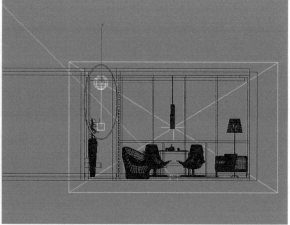

图3-42

　　因为场景比较大，所以在截图过程中，筒灯模型显示不出来，这里我特地通过滚轮将视图放大，这样就可以看到筒灯模型了，如图3-43所示。

另外，当场景中灯光太多的时候，为了方便选择操作，可以隐藏掉已经确认的灯光；当灯光与模型重合时，不方便选择，可以使用主工具栏的【过滤器】来选择，如图3-44所示，设置【过滤器】为【L-灯光】后，就只能在场景中操作灯光。

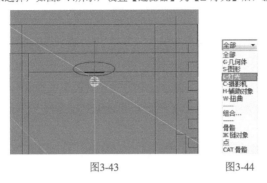

图3-43　　　　　　　　　　图3-44

step 3　切换到顶视图，将【过滤器】设置为【L-灯光】，然后框选目标灯光，将其移动到筒灯处，如图3-45所示。

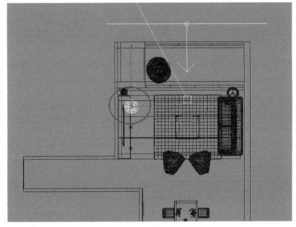

图3-45

TIPS

对顶视图进行放大，筒灯处的效果如图3-46所示。

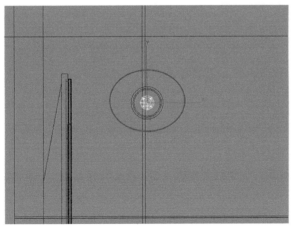

图3-46

这里是所以使用框选，是因为目标灯光包含灯光和目标点，在顶视图，直接框选就可以直接选中它们。

　　使用【实例】后，只用设置一盏目标灯光的参数即可，其他两盏会跟着发生变化。至于为什么要将3盏筒灯设置成一样的参数。在第1张中已经介绍过了，这是室内灯光的整体性，即同一类型的灯光，颜色、大小和强度都应该一致。

step 4　框选上一步确认位置后的目标灯光，然后将它们以【实例】的形式复制两盏，分别放置在另外两个筒灯处，如图3-47所示。

step 5　选择其中一盏目标灯光，切换到修改面板，设置【阴影】类型为【阴影贴图】、【灯光分布（类型）】为【光度学Web】，在【分布（光度学Web）】中加载资源文件中的【经典筒灯.ies】文件，设置【强度】为1516，如图3-48所示。

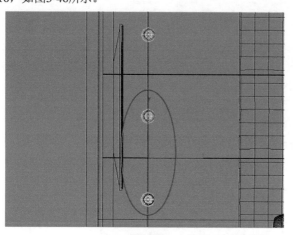

图3-47　　　　　　　　　　　　　　　　　图3-48

　　加载灯光文件后，目标灯光的形态会发生变化，如图3-49所示。

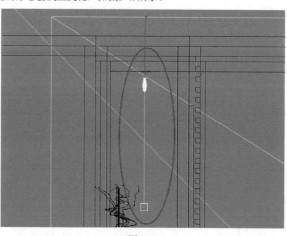

图3-49

step 6　取消刚才对窗帘的隐藏。切换到摄影机视图，单击鼠标右键，在弹出菜单中选择【按名称取消隐藏】选项，如图3-50所示。

step 7　系统会自动打开【取消隐藏对象】对话框，选择两个窗帘对象，然后单击【取消隐藏】按钮，如图3-51所示。此时，摄影机视图如图3-52所示。

step 8　按快捷键Shift+Q渲染摄影机视图，渲染效果如图3-53所示。此时，电视墙处有了光照。

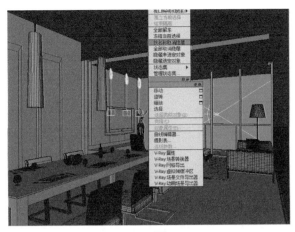

图3-50

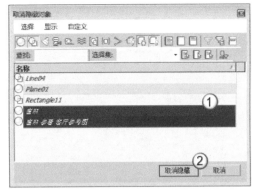

图3-51

图3-52

图3-53

TIPS

　　在最终效果中，筒灯处白色发光的部分，是使用【VRay灯光材质】模拟的，具体制作方法大家可以参考"第9章 工装——综合办公室强光表现"中的"9.4.1 划分天花灯光板"中的制作方法。

3.3.4 创建吊灯

　　观察图3-53，可以发现餐桌处的光照可以再丰富一下，下面使用餐桌上方的吊灯来丰富光照效果。

step 1 切换到前视图，使用【VRay灯光】的【球体】灯光，在吊灯中创建一盏灯光，如图3-54所示。

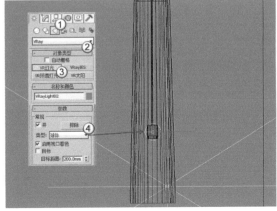

图3-54

step 2 切换到顶视图，调整【球体】灯的位置，如图3-55所示。

step 3 同样，使用【实例】的形式复制一盏【球体】灯到另一盏吊灯中，如图3-56所示。

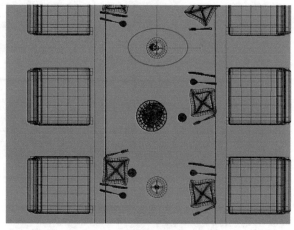

| 图3-55 | 图3-56 |

step 4 选中其中一盏【球体】灯，切换到修改面板，设置【倍增器】为10、【颜色】为（红:255，绿:211，蓝:94），如图3-57所示。关于【半径】的参数，仅供参考。

step 5 切换到摄影机视图，按快捷键Shift+Q渲染场景，如图3-58所示。此时，发现场景并未有变化，这是因为吊灯灯罩没有指定半透明的材质，灯光无法穿透。

TIPS

这里之所以选中黄色作为灯光颜色，其目的就是增加场景的暖色，形成冷暖对比。

| 图3-57 | 图3-58 |

step 6 按M键打开【材质编辑器】，选择一个空白材质球，然后将其加载为VRayMtl材质球，如图3-59所示。

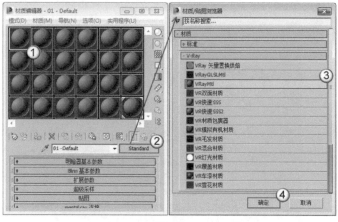

图3-59

step 7　将VRayMtl材质球命名为灯罩，设置【漫反射】颜色为（红:255，绿:248，蓝:211）；设置【反射】颜色为（红:35，绿:35，蓝:35），设置【高光光泽度】为0.67、【反射光泽度】为1；设置【折射】颜色为（红:158，绿:158，蓝:158），设置【光泽度】为0.65、【折射率】为1.6，如图3-60所示。设置好的材质球效果如图3-61所示。

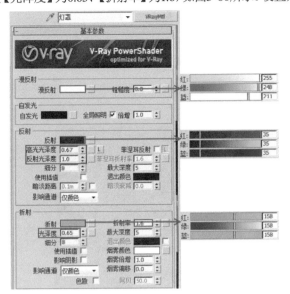

图3-60　　　　　　　　　　　　　　　　　　　图3-61

step 8　选中场景中的灯罩模型，然后按【材质编辑器】中的【将材质指定给选定对象】按钮，将材质指定给灯罩模型，指定材质后的视图效果如图3-62所示。此时，可以透过灯罩看到灯罩内的灯光了。

step 9　按快捷键Shift+Q渲染摄影机视图，效果如图3-63所示。此时，灯光效果就正常了。

图3-62　　　　　　　　　　　　　　　　　　　图3-63

3.3.5 创建灯带

观察图3-58所示的效果，虽然该效果满足了现代风格的简单实用，但是场景灯光过于单调，暖色不足，灯光不够立体，而且整个图的灯光效果太平淡了，所以考虑到实际性，可以在吊顶上方的空隙中创建灯带。这里将使用【VRay灯光材质】来创建灯带，当然也可以通过【VRay灯光】的【平面】光来创建。

step 1　在【材质编辑器】中选择一个空白材质球，将其加载为【VRay灯光材质】，设置【颜色】为（红:255，绿:215，蓝:92），设置灯光强度为8，如图3-64所示。

step 2　在场景中选择吊顶上方和电视墙后的灯带模型，如图3-65所示，并将灯带材质指定给吊带模型。

图3-64

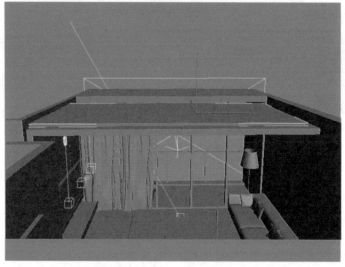

图3-65

TIPS

为了方便选择,可以将屋顶模型和墙体隐藏,然后在指定材质后,再将屋顶模型取消隐藏。一定要注意,这里有两个灯带模型,一个是吊顶上方,一个是电视墙后面,如图3-66所示。

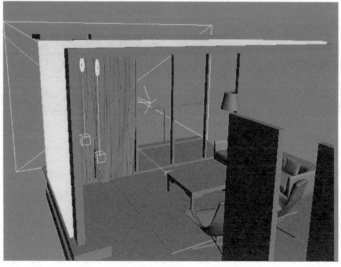

图3-66

step 3 切换到摄影机视图，按快捷键Shift+Q渲染场景，效果如图3-67所示。此时，室内灯光设置完成。这就是现代风格客厅的所有灯光，整个场景灯光比较简单，也比较实用，没有多余的装饰灯光，而且通过吊灯和灯带也使场景灯光有了冷暖对比、明暗对比，且灯光也有了层次感。

图3-67

3.3.6 曝光处理

灯光处理完后，就应该处理曝光问题了，在VRay渲染器中，可以考虑使用【颜色贴图】来处理曝光，而后，对于细小问题，可以在后期处理中解决。

step 1 按F10键打开【渲染设置】对话框，切换到VRay选项卡，打开【颜色贴图】卷展栏，设置【类型】为【线形倍增】，勾选【子像素贴图】和【钳制输出】；设置【暗色倍增】为1.5，提高暗部的曝光；设置【亮度倍增】为0.75，降低亮部的曝光，如图3-68所示。

step 2 切换到摄影机视图，按快捷键Shift+Q渲染场景效果如图3-69所示，此时场景中的曝光就正常了，阴暗区域亮了，过分亮的区域也暗了。

图3-68

图3-69

🔅 TIPS

此时，灯光的布置就完成了，整个场景一共有5种灯光，分别是太阳光、天光、筒灯、吊灯和灯带，它们是室内效果图的常用灯光，无论是何种风格的效果图，灯光类型都与之差不多，所以，希望大家在学习的时候，不要只去配合书中的参数，要了解布光的思路和方法。

另外，对于灯光的见解，不同的人，得出的结论不同。我相信有的朋友会认为书中的曝光不完美，有兴趣的朋友可以根据个人喜好，进行曝光处理；当然对于灯光的颜色和强度，也可以适当调整，通过自己的审美的和设计配一套属于自己的灯光效果。

3.4 材质模拟

（扫码观看视频）

灯光布置好了以后可以将灯光隐藏，防止在材质制作时移动灯光的位置。当然，也可以在材质模拟的时候，只使用主工具栏的【选择对象】工具，这样就不用担心因为操作失误，移动了灯光。场景中的材质，其实种类并不多，为了方便大家学习和识别，我将要制作的材质进行了说明，如图3-70所示。

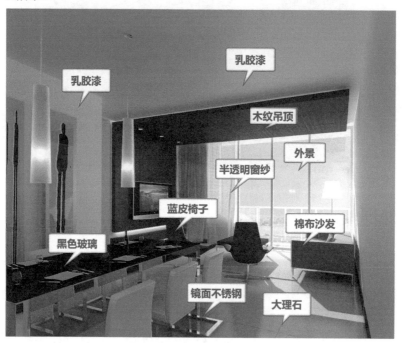

图3-70

💡 **TIPS**

因为篇幅问题，只介绍了现代风格中的常见材质的制作方法，对于其他材质，制作方法大致相同，大家也可以通过打开资源文件中的完成文件来查看。

3.4.1 乳胶漆墙面材质

乳胶漆材质有以下3点特性，在制作的时候可以根据这些特性来模拟乳胶漆材质。

* **颜色为白色，但不是纯白。**
* **墙面是光滑的。**
* **墙面有反射能力，但不能成像。**

在【材质编辑器】中新建一个VRayMtl材质球，具体参数设置如图3-71所示，材质球效果如图3-72所示，材质渲染效果如图3-73所示。

设置步骤

① 设置【漫反射】颜色为（红:245，绿:245，蓝:245），模拟乳胶漆的白色。

② 设置【反射】颜色为（红:27，绿:27，蓝:27），模拟反射能力；设置【高光光泽度】为0.571，模拟高光效果（光滑效果）。

③ 打开【选项】卷展栏，取消勾选【跟踪反射】，使墙面反射不成像。

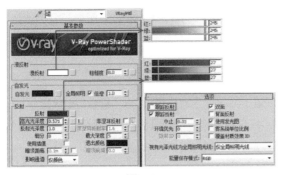
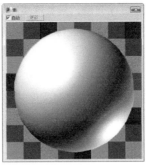

图3-71 图3-72 图3-73

3.4.2 大理石地板材质

现代风格的地板材质有以下特点。在制作的时候注意相关参数和贴图的选取。

- **颜色简单、偏淡，花纹单调。**
- **表面有反射效果，但非镜面反射。**
- **表面光滑，高光效果强。**

在【材质编辑器】中新建一个VRayMtl材质球，具体参数设置如图3-74所示，材质球效果如图3-75所示，材质渲染效果如图3-76所示。

设置步骤

① 在【漫反射】贴图通道中加载一张【衰减】程序贴图，在【前】通道加载"场景文件>贴图>33485663.jpg"的大理石位图，设置【衰减类型】为Fresnel，模拟大理石的花纹。

② 设置【反射】颜色为（红:30，绿:30，蓝:30），模拟反射属性；设置【高光光泽度】为0.9，模拟高光、光滑属性；设置【反射光泽度】为0.9，模拟非镜面成像的属性；设置【细分】为16，使反射效果更细腻。

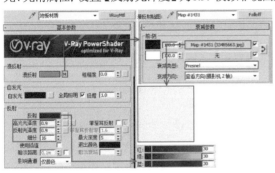

图3-74 图3-75 图3-76

> **TIPS**
>
> 对于有位图的贴图，在指定材质的时候，会为模型对象加载【UVW贴图】来控制位图的指定形式。

3.4.3 木纹吊顶材质

在本场景中，吊顶、茶几、墙角线和电视墙用的都是同一种木纹。对于木纹材质和大理石材质的制作其实比较类似，只是在参数和贴图上有区别。因为现代风格的颜色比较跳跃，所以在选择木纹的时候，并未注意与空间色调搭配，木纹材质有以下特点。

- **有木纹的特定纹理。**
- **表面涂漆，所以有细微的反射能力。**

- 因为涂漆的原因，所以表面光滑，且有模糊反射，相对于大理石来说，均较弱。

在【材质编辑器】中新建一个VRayMtl材质球，具体参数设置如图3-77所示，材质球效果如图3-78所示，材质渲染效果如图3-79所示。

设置步骤

① 在【漫反射】贴图通道中加载一张"场景文件>贴图>wood_005.jpg"木纹位图，模拟木纹特定的纹理。

② 设置【反射】颜色为（红:20，绿:20，蓝:20），模拟反射能力；保持【高光光泽度】锁定，设置【反射光泽度】为0.75，即此时【高光光泽度】与【反射光泽度】一致，均为0.75，模拟涂漆的模糊反射和高光效果；设置【细分】为16。

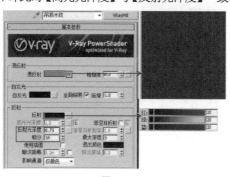
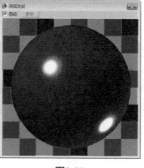

| 图3-77 | 图3-78 | 图3-79 |

3.4.4 半透明窗帘材质

对于窗帘材质，因为其距离摄影机比较远，所以可以考虑只表现它的透明属性和颜色属性即可。同时，现代风格主要的特点还是简单实用，所以本场景中的窗帘不用太多装饰和花纹。请注意窗帘的以下特点。

- 窗帘颜色白里透黄。
- 窗帘有半透明效果，可以透过窗帘。
- 窗帘的透视效果不清晰。
- 窗帘可以产生阴影效果。

在【材质编辑器】中新建一个VRayMtl材质球，具体参数设置如图3-80所示，材质球效果如图3-81所示，材质渲染效果如图3-82所示。

设置步骤

① 设置【漫反射】颜色为（红:255，绿:249，蓝:240），模拟窗帘白里透黄的颜色。

② 设置【折射】颜色为（红:92，绿:92，蓝:92），模拟半透明能力；设置【光泽度】为0.95，模拟不清晰的透明效果；设置【细分】为16，使透明效果更细腻；勾选【影响阴影】，使光线穿透窗帘后可以形成阴影；设置【影响通道】为【颜色+Alpha】。

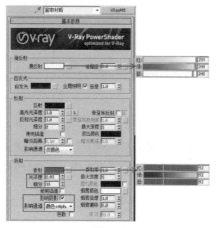

| 图3-80 | 图3-81 | 图3-82 |

3.4.5 棉布沙发材质

对于现代风格的沙发，建议直接使用棉布材料来模拟。相对于其他材质，棉布材质不仅简单，还能更切合现代风格的实用性，对于颜色的把握，现代风格都没有明确的定义。棉布材质有下面几点特性。

- **表面不光滑，没有高光，没有反射。**
- **棉布表面有颜色渐变的效果**

在【材质编辑器】中新建一个VRayMtl材质球，具体参数设置如图3-83所示，材质球效果如图3-84所示，材质渲染效果如图3-85所示。

设置步骤

① 在【漫反射】贴图通道中加载一张【衰减】程序贴图，模拟棉布的颜色渐变效果。

② 设置【前】通道颜色为灰色（红:77，绿:77，蓝:77），设置【衰减类型】为Fresnel，模拟棉布的灰色渐变。

③ 因为棉布没有反射属性，所以不设置反射的任何参数。

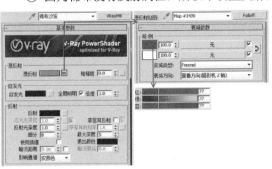

图3-83

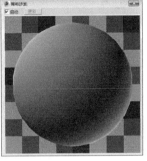

图3-84

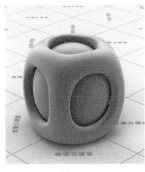

图3-85

TIPS

本场景中的地毯也为棉布材质，制作方法与沙发棉布类似，所以不再介绍。另外，如果需要得到明显的颜色渐变效果，可以设置【衰减类型】为【垂直/平行】。

3.4.6 镜面不锈钢材质

亮铮铮的不锈钢非常适用于现代风格，它能突出现代风格干练、实用、简单的特性。本场景中使用的不锈钢是镜面不锈钢，这种不锈钢材质有如下特性。

- **不锈钢的固有颜色为灰色。另外，我们日常生活中见到的不锈钢，其实是环境反射效果。**
- **不锈钢的反射能力很强，通常反射的亮度值比较高。**
- **不锈钢的高光性很强，所以看着特别光滑。**

在【材质编辑器】中新建一个VRayMtl材质球，具体参数设置如图3-86所示，材质球效果如图3-87所示，材质渲染效果如图3-88所示。

设置步骤

① 保持【漫反射】颜色为默认灰色（红:128，绿:128，蓝:128），这是不锈钢的固有色。

② 设置【反射】颜色为（红:247，绿:247，蓝:247），模拟不锈钢的强反射性能；设置【反射光泽度】为1，模拟镜面反射效果；锁定【高光光泽度】，使其值与【反射光泽度】取相同值，模拟不锈钢的强高光性。

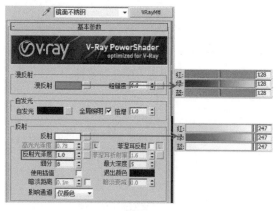

图3-86

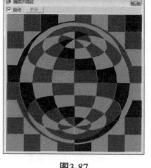

图3-87

图3-88

3.4.7 蓝皮椅子材质

椅子是客厅空间的常见摆设，它与沙发不同，沙发突出的是温馨效，而相对于主体的沙发家具，椅子就只能作为点缀了。所以，可以使用皮来作为椅子材质，丰富场景中的材质种类。在模拟皮材质的时候，要注意以下3点。

- **颜色为蓝色，有皮革特有的皱褶纹理以及凹凸感。**
- **因为不是高光皮革，所以反射能力较弱。**
- **因为皮革的反射能力弱，所以高光效果不是太强，反射效果也不是特别清晰。**

在【材质编辑器】中新建一个VRayMtl材质球，具体参数设置如图3-89所示，材质球效果如图3-90所示，材质渲染效果如图3-91所示。

设置步骤

① 在【漫反射】贴图通道中加载一张"场景文件>贴图>c-a-006.tif"蓝色皮革贴图，模拟皮革的颜色和褶皱纹理。

② 设置【反射】颜色为（红:25，绿:25，蓝:25），模拟皮革的弱反射能力；设置【高光光泽度】为0.494，模拟较一般的高光性能；设置【反射光泽度】为0.8，模拟模糊反射效果。

③ 打开【贴图】卷展栏，使用鼠标左键按住【漫反射】贴图通道，拖曳到【凹凸】贴图通道中，模拟褶皱纹理产生的凹凸感。

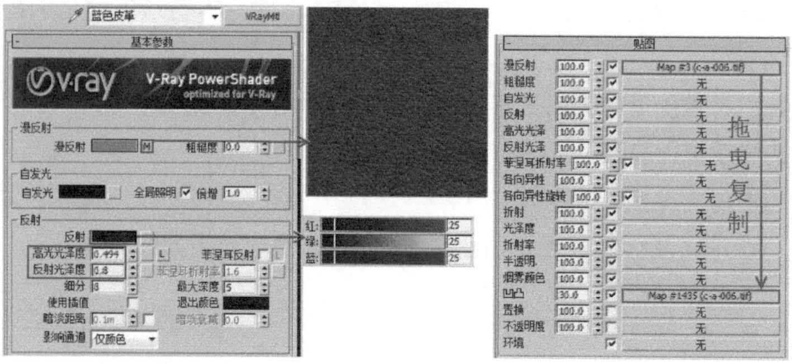

图3-89

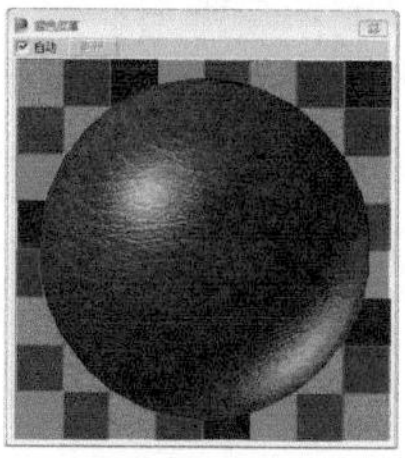

图3-90

图3-91

TIPS

餐桌的椅子也是皮革的，只不过是白色皮革，其制作原理与蓝皮椅子材质类似，区别只在于本场景选择的白色皮革没有褶皱，且高光和反射性能都要强一点，参考参数如图3-92所示，材质球效果如图3-93所示。

图3-92

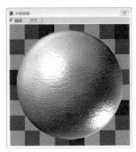

图3-93

相信部分朋友在这里会有个疑问，那就是为什么【凹凸】贴图是蓝色的，但是材质球却是白色呢？

因为【凹凸】贴图中的贴图无论是什么颜色，他只影响凹凸通道，并不能影响材质的其他通道，系统会自动将【凹凸】通道的图像计算为黑白通道图，所以无论使用的是黑白通道图，还是彩色图，都不会影响材质的其他属性。当然，因为彩色的图，系统会多运算一次，所以，建议在条件允许的情况下，尽量在【凹凸】通道中加载黑白通道图像。

3.4.8 黑色玻璃材质

与不锈钢材质相同，玻璃材质也是家装中比较常用的一种材质，无论是哪种风格都会使用玻璃材质。本场景中的餐桌面使用的是黑色玻璃。黑色玻璃有以下6点特性。

- **玻璃为黑色，但看起来应该是黑灰色。**
- **有一定反射能力，因为黑色有吸光性，所以反射能力比较弱。**
- **高光性特别强，玻璃有镜面反射。**
- **即便是黑色，还是要考虑玻璃的透视效果。**
- **玻璃的透视效果非常好。**
- **黑色玻璃当中会有填充色。**

在【材质编辑器】中新建一个VRayMtl材质球，具体参数设置如图3-94所示，材质球效果如图3-95所示，材质渲染效果如图3-96所示。

设置步骤

① 设置【漫反射】颜色为（红:44，绿:44，蓝:44），模拟玻璃的固有色，虽然漫反射对玻璃的影响不大。

② 设置【反射】颜色为（红:40，绿:40，蓝:40），因为考虑到黑色玻璃，所以适当降低反射能力；设置【高光光泽度】为0.9、【反射光泽度】为1，模拟高光性和镜面成像效果。

③ 设置【折射】颜色为（红:230，绿:230，蓝:230），模拟玻璃的强透明效果；设置光泽度为1，模拟玻璃极好的透视效果，勾选【影响阴影】，设置【影响通道】为【颜色+Alpha】，使光线可以透过玻璃形成阴影；设置【烟雾颜色】为（红:164，绿:164，蓝:164），模拟玻璃的填充色。

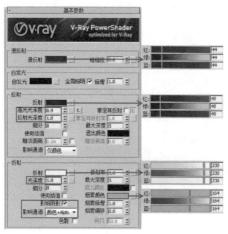

图3-94

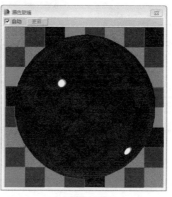

图3-95

图3-96

关于有色玻璃的制作方法，有多种多样，在后面会提到。另外，本场景中还有阳台和落地窗的清玻璃，参考参数如图3-97所示，材质球效果如图3-98所示。

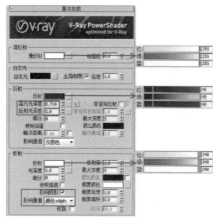

图3-97

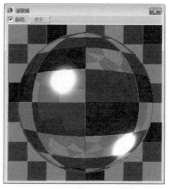

图3-98

在这里提醒一下，在做材质的时候千万不要忘了前面被隐藏的对象。

一定要取消隐藏！

一定要取消隐藏！

一定要取消隐藏！

重要的事情说3遍。

3.4.9 外景材质

对于外景材质我们可以通过以下两种方法来制作。

第1种：制作外景自发光片来模拟。

第2种：在Photoshop中使用位图来添加。

本场景用的是第1种方法。

在【材质编辑器】中新建一个【标准】材质球，具体参数设置如图3-99所示，材质球效果如图3-100所示，材质渲染效果如图3-101所示。

设置步骤

① 设置【漫反射】颜色为纯白色（红:255，绿:255，蓝:255），在【漫反射】贴图通道中加载一张"场景文件>贴图>客厅窗外贴图.jpg"外景贴图。

② 在【自发光】贴图通道中加载一张"场景文件>贴图>客厅窗外贴图.jpg"外景贴图，设置强度为90，模拟曝光效果。

③ 设置【高光级别】为0、【光泽度】为10、【柔化】为0.1。

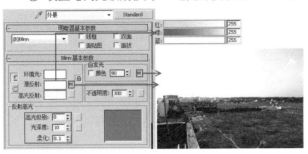  

图3-99　　　　　　　　　　　　　图3-100　　　　　　　　　图3-101

TIPS

至此，场景中的主要材质已经介绍完，对于其他未讲解的材质，大家可以通过"完成文件>现代客厅>现代客厅.max"来查看。

3.5 最终渲染

（扫码观看视频）

当材质和灯光都处理好了以后，就将进入3ds Max的最后一步——渲染最终效果图。这里再提一下，对于最终效果图的渲染参数，本书都是给的一个参考参数，大家在学习的时候，可以适当降低相关质量，提高渲染速度；当然，在商业效果图中，速度和质量一直是大家关注的问题，建议大家选择一个折中的参数来进行渲染。

3.5.1 设置灯光细分

在前面的灯光布置中，主要是为了布置照明效果和灯光色调，对阴影没有严格的控制，但是作为最终渲染效果，阴影质量是必须严格把握的。

step 1 选择【目标平行光】，打开【VRay阴影参数】，设置【细分】为16，如图3-102所示。

step 2 选择模拟天光的【VRay灯光】，设置【细分】为16，如图3-103所示。

step 3 选择吊灯中的【VRay灯光】，设置【细分】为16，如图3-104所示。

图3-103

图3-102　　　　　　图3-104

3.5.2 设置渲染参数

在设置渲染参数的时候，大家不用刻意去还原书中的参数，重要的是要明白设置的哪些参数，为什么这么设置？

step 1 按F10键打开【渲染设置】对话框，在【公用参数】中设置【宽度】为4000、【高度】为3000，如图3-105所示。

step 2 切换到VRay选项卡，打开【全局开关】卷展栏，设置【二次光线偏移】为0.001，防止重面产生的错误，如图3-106所示。

图3-105

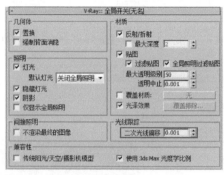

图3-106

step 3 打开【图像采样器（反锯齿）】卷展栏，设置【类型】为【自适应细分】，选择Catmull-Rom，如图3-107所示。这是一个抗锯齿的固定搭配。

step 4 切换到【间接照明】选项卡，打开【发光图】卷展栏，设置【当前预置】为【中】，设置【半球细分】为60、【插值采样】为30，如图3-108所示。

图3-107

图3-108

step 5 打开【灯光缓存】卷展栏，设置【细分】为1200，勾选【显示计算相位】选项，如图3-109所示。

图3-109

step 6 切换到【设置】选项卡，打开【DMC采样器】卷展栏，设置【适应数量】为0.72、【噪波阈值】为0.008、【最小采样值】为20，如图3-110所示。

图3-110

TIPS

至此，最终渲染参数就设置完成了，对于相关参数的具体解释，大家可以参考第2章的内容。

step 7 切换到摄影机视图，按快捷键Shift+Q渲染场景，在经历长达数小时的渲染后，效果如图3-111所示。

图3-111

TIPS

在渲染的时候，因为3ds Max会占用计算机的所有CPU线程，所以会造成计算机非常卡，大家可以通过任务管理系统来分配线程，腾出一到两个线程，这样就不会卡了，具体方法如图3-112和图3-113所示。

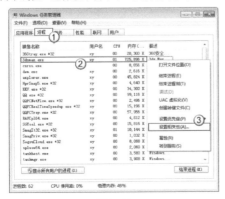

图3-112

图3-113

3.5.3 保存渲染图像

对于渲染好的效果图，需要将其保存下来，以供后期处理使用。

`step 1` 单击【渲染帧窗口】上的【保存图像】按钮🖫，将其保存为OpenEXR图像文件，如图3-114所示。

`step 2` 系统会弹出【OpenEXR配置】对话框，设置【格式】为【全浮点数（32位/每通道）】、【类型】为RGBA、【压缩】为无压缩，如图3-115所示。

图3-114   图3-115

🐭 TIPS

另外，建议大家多保存一张TIF格式的效果图，方便观察和备份，如图3-116和图3-117所示。

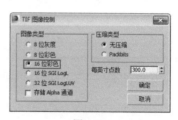

图3-116   图3-117

保存为16位图像是为了更好地显示效果图的颜色。另外大家可以试一下保存.jpg格式的区别，以及保存为8位的区别。

3.6 后期处理

（扫码观看视频）

在商业效果图中，难免会为了提高效果图的渲染速度，而牺牲质量，这个时候，就需要进行后期处理；另外，对于效果图渲染出来的图像，难免会有曝光、色彩、色调等问题，所以也会在后期中进行处理。

`step 1` 在Photoshop CS6中打开前面保存的"渲染效果图.exr"文件，如图3-118所示。

图3-118

TIPS

因为32位的图像保存了渲染图像中的各个通道，亮度上看起来就要正常一些。另外，在导入图像文件时，请选择【作为Alpha通道】。

step 2 执行【图像】>【调整】>【曝光度】菜单命令，如图3-119所示，打开【曝光度】对话框，设置【曝光度】为0.14、【灰度系数校正】为0.6，如图3-120所示，处理后的效果如图3-121所示。

图3-119

图3-120

图3-121

step 3 执行【图像】>【调整】>【色阶】菜单命令，打开【色阶】对话框，调整色阶参数，增加画面的层次感，如图3-122所示，调整后的效果如图3-123所示。

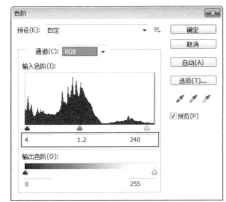

图3-122

图3-123

step 4 执行【图像】>【模式】>【16位/通道】菜单命令，如图3-124所示，打开【HDR色调】对话框，设置【方法】为【曝光度和灰度系数】，如图3-125所示，将图像转换为16位图像，效果如图3-126所示.

图3-124　　　　　　　　　　　　　　　　图3-125

图3-126

step 5 在图层面板中，在【背景】图层上单击鼠标右键，然后选择【复制图层】，复制一个背景图层，如图3-127所示，复制后的图层结构如图3-128所示。

图3-127　　　　　　　　　图3-128

step 6　单击【创建新的填充或调整图层】按钮，选择【曲线】，如图3-129所示，打开【曲线】面板，
然后调整曲线的形态，如图3-130所示，调整后的效果如图3-131所示，此时，画面亮度增加了。

　　　　　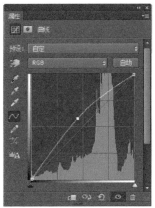

图3-129　　　　　　　　　　　　　　图3-130

图3-131

🎈 TIPS

　　对于图中的过分亮的地方，可以使用黑色的画笔，然后选择【曲线】后的蒙版，接着在图像上进行
涂抹就可以去除【曲线】产生的效果，如图3-132所示。

图3-132

step 7 单击【创建新的填充或调整图层】按钮，选择【照片滤镜】，如图3-133所示，在【照片滤镜】属性面板中，设置【滤镜】为【加温滤镜（81）】，设置【浓度】为25%，为图像增加暖色调，如图3-134所示。此时，简单的后期处理基本完成，效果如图3-135所示。

图3-133   图3-134

图3-135

🖱 TIPS

　　到此，现代客厅的日光表现就完成了，本章使用的后期处理比较简单，主要就是处理了颜色的层次感、曝光度、亮度和为场景增加了暖色调，烘托出温馨的氛围。

第4章 家装——田园风格客厅效果表现

类别	链接位置	资源名称
初始文件	场景文件	田园客厅.max
成品文件	完成文件>田园客厅	田园客厅.max，田园客厅.psd
视频文件	教学视频>田园客厅	构图.mp4，材质.mp4，灯光.mp4，渲染.mp4，后期.mp4

学习目标

- 掌握LWF的设置方法
- 了解田园风格的风格特点
- 掌握客厅空间的家具陈设
- 掌握田园风格家具的特点

- 掌握田园风格的色彩、光效等特点
- 掌握半封闭空间的布光方法
- 掌握大理石、玻璃、文化石、白漆、花纹布料等材质的制作方法

- 掌握现代风格的表现方法
- 掌握效果图制作中的操作小技巧
- 掌握图像亮度、对比度、空间层次感、空间氛围的后期处理技法

4.1 项目介绍

　　本场景是一个半封闭的客厅空间，考虑到田园风格清新、自然的特效，使用天光为主光，然后通过室内灯光点缀修饰整体光效，鉴于田园风格的特性，灯光颜色都比较偏白，考虑以淡色光为主；当然，为了形成冷暖对比，室内会使用暖色光烘托氛围，但是整体色调还是以清新为主。另外，家具装饰也应该追求干净、清新、自然，所以，均采用白色布料或者带有花草花纹的布料，且布料以棉布为主，因为棉布更能体现朴素的效果。墙体可使用自然绿色来修饰，烘托出田园风格的自然效果，另外也可以使用文化石之类的石材来增加场景的朴实效果。对于家居的表现材质，可以考虑使用白漆来与白色天花板形成呼应，另外，白色也可以从色感上提升空间的干净明亮度，符合田园风格的清新自然。图4-1所示是本章所表现的田园风格的客厅，是否清新自然、华而不艳？

图4-1

4.2 设置LWF模式

　　启动3ds Max 2014，执行【自定义】>【首选项】菜单命令，打开【首选项设置】对话框，切换到【Gamma和LUT】选项卡，勾选【启用Gamma和LUT校正】，设置【Gamma】为2.2，勾选【影响颜色选择器】和【影响材质选择器】，单击【确定】按钮，如图4-2所示。

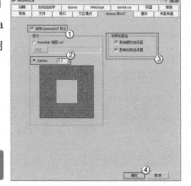

图4-2

> **TIPS**
>
> 本场景将使用LWF模式来表现。

4.3 场景构图

打开资源文件中的"场景文件>田园客厅.max"文件，如图4-3所示，这是一个半封闭客厅，下面将使用摄影机对场景进行取景。

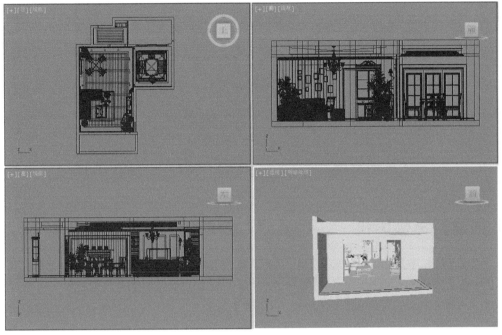

图4-3

4.3.1 设置画面比例

同样，为了准确地取景，在创建摄影机前，我们需要对画面比例进行确定，因为是客厅空间，为了更好地展示空间中的家具对象，此处选择了横构图的画面比例。

step 1 按F10键打开【渲染设置】对话框，在【公用参数】中选择类型为【35mm 1.85:1（电影）】，可以查看到它的【图像纵横比】为1.85185，如图4-4所示，这是一个横幅比较大的横构图。

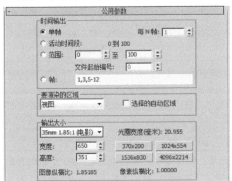

图4-4

> **TIPS**
>
> 3ds Max因为其功能的丰富，为用户提供了几种特定比例的构图，如图4-5所示。
>
>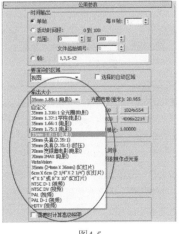
>
> 图4-5

step 2 选择透视图，按快捷键Shift+F激活【安全框】，如图4-6所示，这就是我们为这个场景选择的画面比例，如此宽的横幅，适合表现客厅中的大量家具，还可以使客厅显得宽敞。

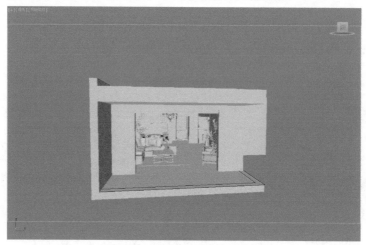

图4-6

4.3.2 创建目标摄影机

step 1 切换到顶视图，在视图中拖曳光标创建一台摄影机，使摄影机从室外阳台处拍摄室内，如图4-7所示。

step 2 因为我们设置的是横构图，且横幅特别大，所以这里建议使用大角度的视野来拍摄。选择摄影机，切换到修改面板，设置【镜头】为11.642、【视野】为83.974，如图4-8所示，此时的摄影机视野范围如图4-9所示。

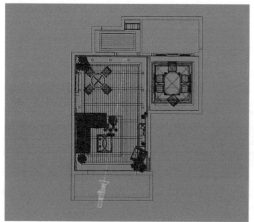

图4-7

图4-8

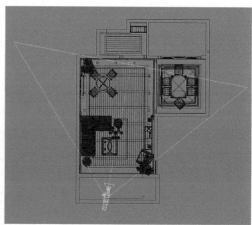

图4-9

TIPS

对于【视野】和【镜头】的参数，并不是直接设置的，而是通过后面的微调器慢慢调整，然后在顶视图观察拍摄范围的变化情况来确定的。

另外，此时应该有朋友想到在第1章有提到，拍摄角度尽量维持在50°~80°，怎么这里超过了这个范围？

大家要明白，参数是用来参考的，而在操作过程中应该以实际情况为准，通过图4-9所示的范围可以看出，此时摄影机是最大化地拍摄了场景，而且在前面的画面比例设置中，我们设置了一个横幅非常大的比例。当然，对于失真的畸变的问题，我们可以通过【摄影机校正】修改器来处理。

step 3 切换到透视图，按C键进入摄影机视图，此时的拍摄效果如图4-10所示，很明显此时的摄影机高度有问题。

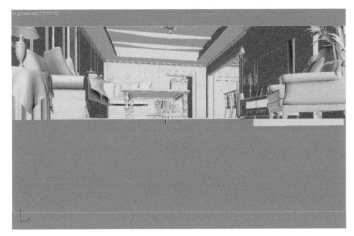

图4-10

step 4 切换到左视图，调整摄影机和目标点的位置，如图4-11所示，再次切换到摄影机视图，拍摄效果如图4-12所示。

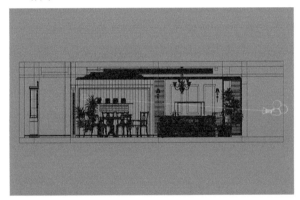

图4-11

图4-12

TIPS

　　此时摄影机就差不多创建完成了，为了方便大家还原实例，给出了摄影机的具体位置，用户可以调整摄影机的坐标值，来确定摄影机的具体位置。图4-13所示是目标点的坐标值，图4-14所示是摄影机的坐标值。因为界面显示问题，请注意它们的单位为毫米（mm）。

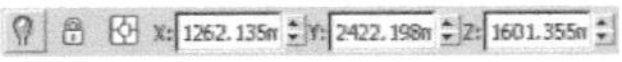

X: 1262.135m Y: 2422.198m Z: 1601.355m

图4-13

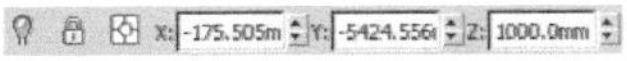

X: -175.505m Y: -5424.556m Z: 1000.0mm

图4-14

step 5 注意观察4-12所示的拍摄效果，透视出了问题，比如倾斜的墙体。所以，选中摄影机，在视图中单击鼠标右键，在弹出的菜单中选择【应用摄影机校正修改器】，如图4-15所示。

step 6 此时，系统会为摄影机加载一个【摄影机校正】修改器，用于校正当前摄影机的透视效果。进入修改面板，可以查看到【摄影机校正】修改器，设置【数量】为-3、【数量】为90°，如图4-16所示，此时的摄影机拍摄效果如图4-17所示，透视已经正确了。

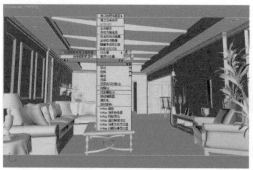
图4-15

图4-16

图4-17

TIPS

图中的橙色线段表示【摄影机校正】修改器的显示状态。

4.3.3 模型检查

在创建好摄影机，确定了构图后，下面开始对场景模型进行检查。在检查模型的时候，可以使用一个test材质进行覆盖处理。同理，本次设置的渲染参数将成为测试参数。

step 1 按M键打开【材质编辑器】，选择一个空白材质球，设置为VRayMtl材质，将其命名为test，设置【漫反射】颜色为（红:220，绿:220，蓝:220），如图4-18所示。

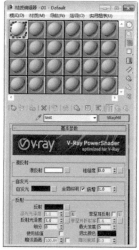

TIPS

细心的朋友应该可以发现，【材质编辑器】中的材质窗口的亮度大了，这是因为LWF模式下，勾选了【影响材质选择器】造成的。

图4-18

step 2 按F10键打开【渲染设置】对话框，在【公用参数】中设置【长度】为800，【宽度】会自动刷新为432，如图4-19所示。

step 3 切换到【VRay】选项卡，打开【全局设置】卷展栏，勾选【覆盖材质】，将【材质编辑器】中的test材质拖曳到【覆盖材质】的通道中，并选择【实例】，单击【确定】按钮，如图4-20所示。

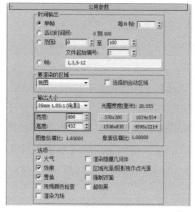

图4-19

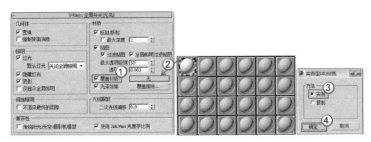

图4-20

这是一种常用的为场景中所有对象覆盖材质的方法，这样处理后，对于场景中的所有对象都将被指定为test材质，当取消勾选【覆盖材质】后，test材质将无效，对象也将渲染为自身的材质，另外，覆盖材质不影响视图显示。

此外，使用【覆盖排除】，可以选择不覆盖的对象，比如如果有玻璃透光（落地窗）之类的对象，可以直接排除掉。

step 4 打开【图像采样器（反锯齿）】卷展栏，设置【类型】为【自定义确定性蒙特卡洛】，选择【区域】，如图4-21所示。

step 5 切换到【间接照明】选项卡，打开【间接照明（GI）】卷展栏，勾选【开】，设置【首次反弹】和【二次反弹】的【全局照明引擎】分别为【发光图】和【灯光缓存】，如图4-22所示。

图4-21

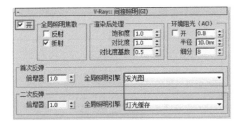

图4-22

step 6 打开【发光图】卷展栏，设置【当前预置】为【非常低】、【半球细分】为20，如图4-23所示。

step 7 打开【灯光缓存】卷展栏，设置【细分】为200，勾选【显示计算相位】，如图4-24所示。

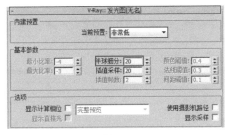

图4-23   图4-24

step 8 切换到顶视图，使用【VRay灯光】在顶视图创建一盏【穹顶】灯光作为天光，如图4-25所示。

step 9 选择【穹顶】灯光，设置【倍增器】为5，勾选【不可见】，如图4-26所示。

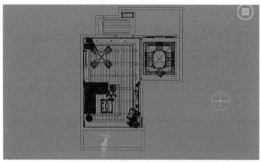

图4-25　　　　　　　　　　　　图4-26

 TIPS

之所以使用天光来进行检查，是因为场景是半封闭的，灯光可以直接通过阳台照射到室内场景。

step 10 按C键切换到摄影机视图，按快捷键Shift+Q渲染场景，效果如图4-27所示，此时场景没有问题。

图4-27

TIPS

在这里，就能看出LWF的作用，仅仅使用天光就能把场景照亮，且符合现实中天光透过阳台照射进场景的照明效果。如果取消LWF模式，如图4-28所示，渲染效果如图4-29所示。

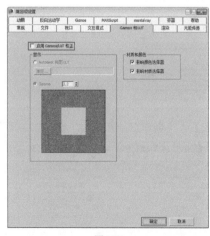

图4-28　　　　　　　　　　　　　　图4-29

此时，最直观的就是亮度上的差异。而亮度上的差异直接决定是否需要"补光"，这对布光有绝对的影响，难道不使用"补光"的布光方式还不够简单愉快吗？你可以试想一下，如果使用"补光"，此时你是否考虑"补光"的位置？"补光"是否影响场景的灯光效果？

当然，你也可以认为这是室内没有布光，也许布置了室内灯光，效果就不同。那么，具体情况如何，在布光环节，让我们拭目以待。

4.4 灯光布置

（扫码观看视频）

构图和模型检查都处理好了，下面开始对场景进行补光，本实例使用的是柔光照明，主要以体现室内灯光为主。另外，本场景使用LWF模式的布光，将不会使用"补光"。

第1步：以天光为环境光，透过阳台，照亮室内。

第2步：使用筒灯、台灯修饰室内灯光。

第3步：因为场景中有其他房间，可以考虑照亮其他房间来增加灯光效果。

4.4.1 创建天光

因为在模型检查的时候创建过天光，所以这里我们可以直接使用这盏【穹顶】灯光来进行调整。

step 1　选择【穹顶】灯光，修改【倍增器】为2，设置【颜色】为（红:243，绿:251，蓝:255），如图4-30所示。

图4-30

step 2　切换到摄影机视角，按快捷键Shift+Q渲染场景，如图4-31所示。

图4-31

 TIPS

为什么降低灯光强度？

我个人觉得模型检查的灯光强度太大，不适合柔光效果，所以降低了强度。另外，降低灯光强度后，室内稍微暗一点，为室内灯光的设置提供了很大的发挥空间。

4.4.2 创建筒灯

本场景的吊顶装饰，是场景设计的一大亮点，首先我们来创建边顶的筒灯。

step 1 切换到前视图，使用【目标】灯光在筒灯处创建一盏灯光，如图4-32所示。

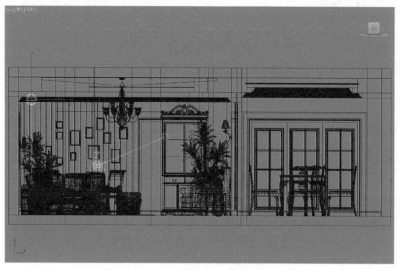

图4-32

> 💡 **TIPS**
>
> 放大视图，灯筒和灯光的位置如图4-33所示。
>
>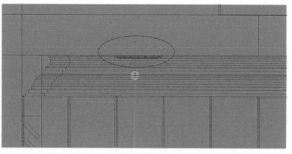
>
> 图4-33

step 2 切换到顶视图，复制14盏目标灯光，将15盏灯光放置在边顶的筒灯处，如图4-34所示。

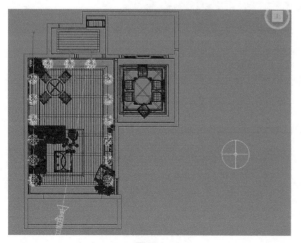

图4-34

> 💡 **TIPS**
>
> 每盏灯光与筒灯的位置关系如图4-35所示。
>
>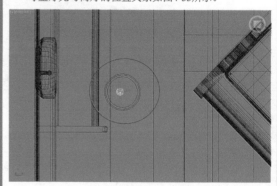
>
> 图4-35
>
> 另外，在复制灯光的时候，不要忘记了目标点，可以使用【过滤器】选择【L-灯光】，然后框选即可，具体方法在第3章中已经介绍过了。

step 3 选择任意一盏目标灯光,设置【阴影】为【阴影贴图】、【灯光分布(类型)】为【光度学Web】,在【分布(光度学Web)】中加载资源文件中的"场景文件>田园客厅>贴图>经典筒灯.ies"文件,设置【过滤颜色】为黄色(红:255,绿:215,蓝:163),设置【强度】为1516,如图4-36所示。

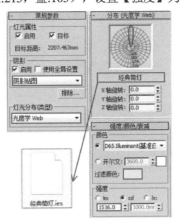

图4-36

TIPS

同样,加载广域网文件后,目标灯光形态会发生变化。

step 4 切换到摄影机视图,按快捷键Shift+Q渲染场景,效果如图4-37所示。

图4-37

TIPS

此时筒灯照亮了场景,且筒灯的光效也显示得很好。

4.4.3 创建壁灯

在电视墙附近,有两盏壁灯,下面将使用【VRay灯光】的【球体】灯来模拟。

step 1 切换到顶视图，使用【VRay灯光】在壁灯中创建一盏【球体】灯光，如图4-38所示。

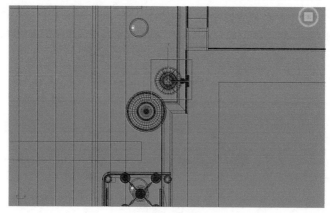

图4-38

TIPS

此壁灯在场景中对应的壁灯模型如图4-39所示。

图4-39

step 2 切换到前视图，调整【球体】灯的位置，如图4-40所示。

图4-40

step 3 切换到顶视图，将【球体】灯光以【实例】形式复制并移动到另一盏壁灯中，如图4-41所示。

step 4 选择其中一盏【球体】灯光，设置【倍增器】为30、【颜色】为（红:255，绿:234，蓝:190），灯的【大小】维持在13.747mm左右，取消勾选【影响反射】，如图4-42所示。

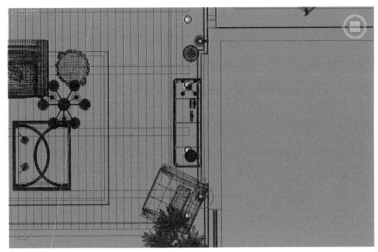

图4-41

图4-42

step 5 切换到摄影机视图，按快捷键Shift+Q渲染场景，效果如图4-43所示，此时，壁灯出有亮光，而且整个场景的亮度提高了。

图4-43

 TIPS

因为这里的灯罩并不是半透明的，所以效果不是特别明显。

4.4.4 创建台灯

与壁灯相同，这里同样使用【VRay灯光】的【球体】灯来模拟台灯照明。

step 1 切换到顶视图，使用【VRay灯光】在台灯中创建一盏【球体】灯光，如图4-44所示。

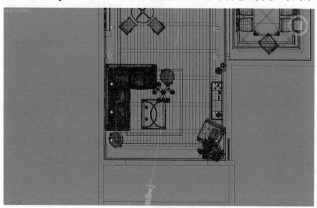

图4-44

TIPS

台灯在场景中的对应模型如图4-45所示。

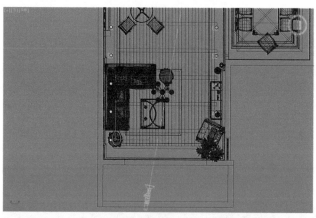

图4-45

step 2 切换到左视图，调整【球体】灯的位置，将它移动到台灯内，如图4-46所示。

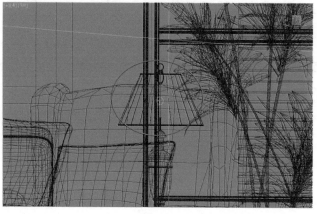

图4-46

step 3 选择台灯中的【球体】灯，设置【倍增器】为100、【颜色】为（红:255，绿:234，蓝:190），维持【半径】在13.747mm左右，勾选【不可见】选项，取消勾选【影响反射】选项，如图4-47所示。

图4-47

step 4 切换到摄影机视图，按快捷键Shift+Q渲染场景，效果如图4-48所示，此时，台灯处光亮了不少。

图4-48

4.4.5 创建吊灯

观察图4-48的效果，可以发现地面部分的亮度适宜了，天花吊顶的亮度似乎不足，所以有两个灯光。

第1个：在吊灯中创建灯光，模拟吊灯照明。

第2个：在天花吊顶夹层中使用灯带，这是吊顶常用的家装风格。

在这里，先来创建吊灯，因为家装效果图中，吊灯作为室内光源，也是生活中的照明主光源，这是必须表现的。另外，在此处，因为我用了另一种方式来模拟灯光，即使用【VRay覆盖材质】，具体方法如下。

step 1 按M键打开【材质编辑器】，新建一个【VRay覆盖材质】材质球，如图4-49所示。

图4-49

step 2 因为是为吊灯指定材质，所以这里的【基本材质】应该为灯罩材质。为【基本材质】加载一个VRayMtl材质，将其命名为【灯罩】，设置【漫反射】颜色为纯白色（红:255，绿:255，蓝:255），设置【反射】颜色为（红:23，绿:23，蓝:23），如图4-50所示。

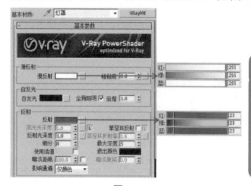

> **TIPS**
>
> 相信此时，大家有疑问了，为什么灯罩没有半透明呢？
>
> 因为我们这里是使用材质来模拟灯光。其实你可以直接将这个材质使用【VRay灯光材质】来制作，只是那样会使模型没有细节感，只是一片发光的颜色。这样设置可以使材质拥有灯罩高光、反射的属性。至于是否半透明，已经不重要了，因为在这里，我们是将灯罩模型作为光源。

图4-50

step 3 回到上一层级，在【全局照明材质】中加载一个【VRay灯光材质】，来模拟灯罩的发光效果，设置【颜色】为（红:255，绿:212，蓝:191），设置灯光强度为3.5，如图4-51所示。

step 4 下面就要为对象指定材质，因为在前面模型检查的时候我们覆盖了材质，所以这里要取消覆盖，如图4-52所示。

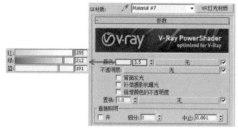

图4-51   图4-52

> **TIPS**
>
> 【全局照明材质】中的材质可以参与场景的全局照明，即可以照明场景，所以在其中加载【VRay灯光材质】，就能使灯罩材质拥有照明的作用。

step 5 此时可以框选场景中的所有模型，通过材质框为它们指定test材质，指定后的效果如图4-53所示。

图4-53

step 6 将制作好的灯罩材质指定给吊顶灯罩，切换到摄影机视图，按快捷键Shift+Q渲染场景，效果如图4-54所示，此时，天花已被照亮。

图4-54

4.4.6 创建灯带

虽然天花被照亮，但是吊顶灯槽还是黑暗的，在室内装修中，会在这一部分嵌入灯带，用来丰富天花的效果。

step 1 同样，灯带也使用【VRay灯光材质】来制作，在【材质编辑器】中选择一个空白材质球，将其加载为【VRay灯光材质】，设置【颜色】为（红:255，绿:230，蓝:176），设置强度为2，如图4-55所示。

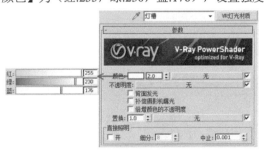

图4-55

step 2 按P键切换到透视图，通过视图控制，找到边顶灯槽中的灯带模型片，然后将灯槽材质指定给对象，如图4-56所示。

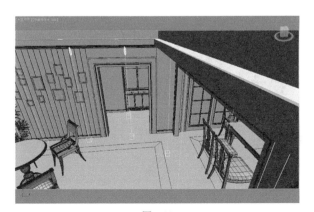

图4-56

TIPS

为了方便大家确认，顶视图中的选定效果如图4-57所示。

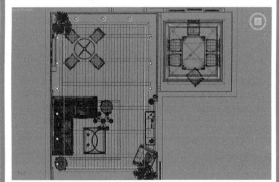

图4-57

因为旁边的小房间也使用了灯槽，为了方便选择和材质指定，所以将它们合并为了一个多边形对象。

step 3 切换到摄影机视图，按快捷键Shift+Q渲染场景，效果如图4-58所示，此时，灯槽被照亮了。

图4-58

4.4.7 创建其他房间灯光

观察图4-58所示的效果，可以发现客厅中有两个地方偏黑，它们都是通向其他房间的门，可以考虑在其他房间简单地创建灯光，来模拟照明效果。注意，这里创建的灯光并不是"补光"，而是为了模拟其他房间透射出来的灯光，因为看不见光源，所以不用刻意表现，仅仅需要有光亮就可以。

step 1 在每个房间创建灯光，如图4-59所示。

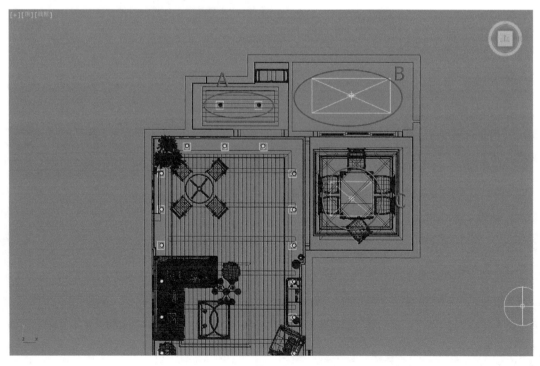

图4-59

step 2　选择A中的【目标】灯光，具体参考参数如图4-60所示。这里的灯光参数大家可以根据个人设计风格来调整，亮度适宜即可。

step 3　B区域的灯光参考参数如图4-61所示，C区域的灯光参考参数如图4-62所示。

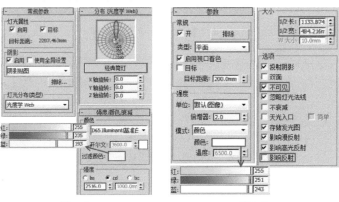 

| 图4-60 | 图4-61 | 图4-62 |

step 4　切换到摄影机视图，按快捷键Shift+Q渲染场景，效果如图4-63所示。

图4-63

TIPS

　　此时，布光环节就完成了，你可以发现，在本场景中，并未使用"补光"，那么，现在我们再来看看相同灯光下，传统效果图模式的渲染效果，取消LWF模式后，渲染摄影机视图，如图4-64所示。

图4-64

　　图4-64所示的效果亮度是明显不够的，而且要用"补光"来补充照明。当然，相对于图4-64，图4-63偏灰，这是LWF线形工作流的的一个特点。对于偏灰的问题，可以在后期处理中进行处理：过灰造成的影响是没有层次感，可以使用色阶来处理。

　　没有了"补光"，布光的时候是不是更加简单直接呢？

　　另外，对于曝光的处理，可以考虑指定了材质后再来处理，避免因为材质的反射造成曝光的误差。

4.5 材质模拟

灯光布置好了以后，可将灯光隐藏，防止在材质制作中移动了灯光的位置。对于场景中的材质，其实种类并不多，为了方便大家学习和识别，我将要制作的主要材质进行了说明，如图4-65所示。

图4-65

4.5.1 大理石地板材质

对于田园风格的地板材质，有以下特点。在制作的时候注意相关参数和贴图的选取。

- **颜色偏土黄色，色感朴素。**
- **因为田园风格的朴素性，所以不适合太强的反射。**
- **表面有模糊反射效果。**
- **表面光滑，高光效果一般。**

在【材质编辑器】中新建一个VRayMtl材质球，具体参数设置如图4-66所示，材质球效果如图4-67所示，材质渲染效果如图4-68所示。

设置步骤

① 在【漫反射】贴图通道中加载一张"场景文件>田园客厅>贴图>pav-a.jpg"大理石位图，设置【模糊】为0.5，模拟大理石地板的表面纹理和颜色。

② 在【反射】贴图通道中加载一张"场景文件>田园客厅>贴图>pav b4aa.jpg"的通道图，设置【模糊】为0.5，使用贴图来模拟大理石的反射能力，图中颜色越深反射越弱；设置【高光光泽度】为0.7、【反射光泽度】为0.79，模拟大理石适中的高光和模糊成像效果。

③ 打开【贴图】卷展栏，在【凹凸】贴图通道中加载一张"场景文件>田园客厅>贴图>pav-b.jpg"凹凸贴图，设置强度为5，模拟大理石的纹理感。

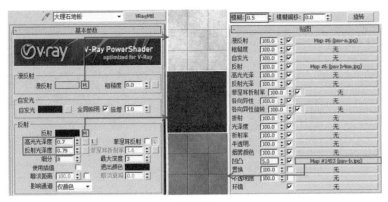

图4-66

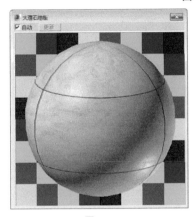

图4-67

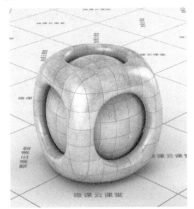

图4-68

4.5.2 网格地毯材质

同样，为了满足田园风格的朴实性，这里选择了棕色的地毯。在制作的时候注意相关参数和贴图的选取。

- **颜色为棕色，有网格状纹理。**
- **有明显的成股凹凸效果。**
- **无反射、无折射效果。**

在【材质编辑器】中新建一个VRayMtl材质球，具体参数设置如图4-69所示，材质球效果如图4-70所示，材质渲染效果如图4-71所示。

设置步骤

① 打开【贴图】卷展栏，在【漫反射】贴图通道中加载一张"场景文件>田园客厅>贴图>63.jpg"网格布料位图，用于模拟地毯的布料材质和花纹。

② 对布料位图进行处理。打开【位图参数】卷展栏，勾选【应用】，单击【查看图像】按钮，进入【指定裁剪/放置】面板，通过红色框框选网格纹理布纹，不框选纯色布料边部分。

③ 回到【贴图】卷展栏，在【凹凸】贴图通道中加载一张"场景文件>田园客厅>贴图>Arch41_050_leaf.jpg"位图，设置【凹凸】强度为100，模拟地毯强烈的成股凹凸效果。

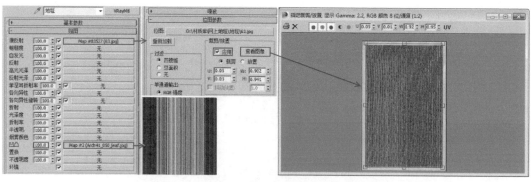

图4-69

图4-70   图4-71

> **TIPS**
>
> 这里的渲染效果包含了地毯边材质，具体制作方法与地毯类似，只是是白色的布料，没有网格纹理，参数设置如图4-72所示，材质球效果如图4-73所示。

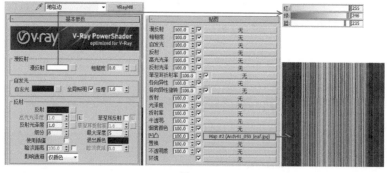

图4-72

图4-73

4.5.3 白漆材质

在本场景中，白漆材质的使用率非常高，比如电视柜、吊顶、门框和茶几架等，它们都是白漆材质。对于田园风格，白色的使用应该是柔和的。对于白漆材质，有以下3个特点。

- **白漆是纯白色的。**
- **为了使白漆看起来柔和，所以反射能力和高光效果都比较弱。**
- **白漆表面反射效果应该比较干净和清晰。**

在【材质编辑器】中新建一个VRayMtl材质球，具体参数设置如图4-74所示，材质球效果如图4-75所示，材质渲染效果如图4-76所示。

设置步骤

① 设置【漫反射】颜色为纯白色，模拟白漆的颜色。

② 设置【反射】颜色为（红:23，绿:23，蓝:23），模拟白漆柔和的反射强度。

③ 设置【高光光泽度】为0.41，避免白漆过分光亮。

④ 设置【反射光泽度】为0.93，使白漆拥有比较好的反射效果。

⑤ 设置【细分】为20，勾选【插值采样】，使白漆材质更加细腻。

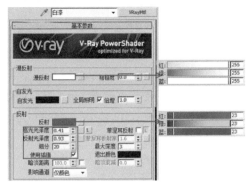

图4-74

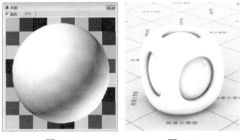

图4-75   图4-76

4.5.4 玻璃茶几材质

对于玻璃材质的制作方法，在前面已经介绍过了，这里不再详细介绍，具体参数设置如图4-77所示，材质效果如图4-78所示，渲染效果如图4-79所示。

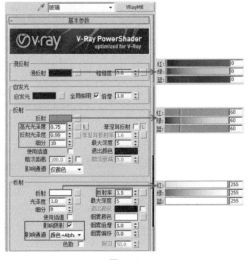

图4-77

图4-78

图4-79

4.5.5 花纹布沙发材质

在田园风格的表现中，布料的使用是非常常见的，而且对于布料的选择也是非常有讲究的，通常是棉布，颜色以白色或者鲜艳的碎花碎草花纹。

- **棉布没有反射和折射。**
- **棉布以碎花为主，且颜色鲜艳干净。**
- **布料都有颜色上的渐变效果。**

在【材质编辑器】中新建一个VRayMtl材质球，具体参数设置如图4-80所示，材质球效果如图4-81所示，材质渲染效果如图4-82所示。

设置步骤

① 在【漫反射】贴图通道中加载一张【衰减】程序贴图，用于模拟布料的渐变效果。

② 在【前】通道中加载一张"场景文件>田园客厅>贴图>布料850.jpg"位图，模拟碎花纹理，设置【衰减类型】为【垂直/平行】，模拟较强的渐变效果。

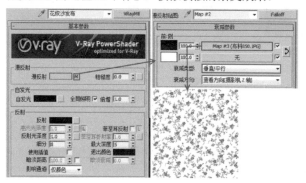

图4-80

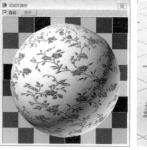

图4-81

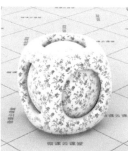

图4-82

> 💡 **TIPS**
>
> 对于场景中的其他布料，如白沙发布、抱枕布料等，制作方法都差不多，大家可以参考上述方法和步骤来进行制作，这里就不详细介绍了。

4.5.6 铜质灯具材质

这里使用铜质的灯具，主要目的还是希望用铜的黄色来弥补场景中的暖色调，关于铜材质的制作，请参考以下特性。

- **铜材质本身为暗黄色。**
- **铜材质反射较强，且反射颜色为黄色。**
- **铜材质的高光范围很大。**
- **铜材质有模糊反射效果，看起来有细微噪点。**

在【材质编辑器】中新建一个VRayMtl材质球，具体参数设置如图4-83所示，材质球效果如图4-84所示，材质渲染效果如图4-85所示。

设置步骤

① 设置【漫反射】颜色为（红:61，绿:49，蓝:23），模拟铜材质本色的暗黄色。

② 设置【反射】颜色为（红:145，绿:112，蓝:69），模拟铜的反射强度和反射颜色。

③ 设置【高光光泽度】为0.6，模拟铜的高光范围；设置【反射光泽度】为0.8，模拟铜的模糊反射效果。

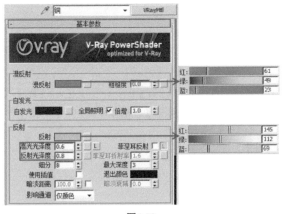

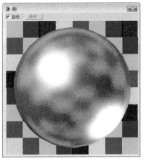

图4-83　　　　　　　　　　　　　图4-84　　　　　　　　　　图4-85

4.5.7　文化石材质

文化石是田园效果的最好装饰材料，它天然的石材颜色可以给田园风格增添田园色彩，文化石的杂乱摆设，也使田园风格的洒脱、自然表现得淋漓尽致。

- **文化石为石头材质。**
- **文化石是胡乱堆砌的，所有整个文化石墙面有凹凸感。**
- **文化石是没有反射和折射的。**

在【材质编辑器】中新建一个VRayMtl材质球，具体参数设置如图4-86所示，材质球效果如图4-87所示，材质渲染效果如图4-88所示。

设置步骤

① 设置【漫反射】颜色为（红:255，绿:233，蓝:196），在【漫反射】贴图通道中加载一张"场景文件>田园客厅>贴图>文化石20a.jpg"位图，设置【漫反射】混合值为73，使用颜色和贴图来混合石材效果。

② 在【凹凸】贴图通道中加载与【漫反射】相同的位图，模拟文化石堆砌产生的凹凸效果。

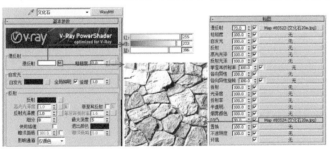

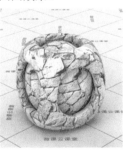

图4-86　　　　　　　　　　　　图4-87　　　　　　　　　　图4-88

4.6　最终渲染

（扫码观看视频）

当材质和灯光都处理好了以后，就将进入3ds Max的最后一步——渲染最终效果图。这里再提一下，对于最终效果图的渲染参数，本书都是给的一个参考参数，大家在学习的时候，可以适当降低相关质量，提高渲染速度；当然，在商业效果图中，速度和质量一直是大家关注的问题，通常会选择一个折中的参数来进行渲染。

4.6.1 曝光处理

在灯光布置的时候，因为材质的反射和折射会对曝光产生影响，所以就未进行曝光处理，现在，材质已经指定好了，那么，接下来就可以进行曝光处理了。

step 1 按F10键打开【渲染设置】对话框，切换到【VRay】选项卡，打开【颜色贴图】卷展栏，设置【类型】为【莱因哈德】，勾选【子像素贴图】和【钳制输出】，设置【钳制级别】为0.98；设置【倍增】为1.5、【加深值】为1.2、【伽玛值】为0.9，如图4-89所示。

图4-89

TIPS

关于【莱因哈德】的参数，可以查询第2章的内容。

step 2 切换到摄影机视图，按快捷键Shift+Q渲染场景，效果如图4-90所示，此时曝光效果正常了。

图4-90

TIPS

在渲染之前，请在【渲染设置】中的【全局开关】中取消勾选【覆盖材质】选项。

4.6.2 设置灯光细分

关于灯光细分的设置方法，可以参考第3章中的参数，这里不再具体介绍，建议设置为8的倍数。

4.6.3 设置渲染参数

step 1 按F10键打开【渲染设置】对话框，设置【宽度】为4000，【高度】会自动更新为2160，如图4-91所示。

step 2 切换到【VRay】选项卡，打开【全局开关】卷展栏，设置【二次光线偏移】为0.001，防止重面，如图4-92所示。

step 3 打开【图像采样器（反锯齿）】卷展栏，设置【类型】为【自适应确定性蒙特卡洛】，选择VRaySincFilter，在【自适应DMC图像采样器】中设置【最大细分】为12，如图4-93所示。

图4-91

图4-92

图4-93

step 4 切换到【间接照明】选项卡，打开【发光图】卷展栏，设置【当前预置】为【中】、【半球细分】为60，如图4-94所示。

step 5 打开【灯光缓存】卷展栏，设置【细分】为1500，勾选【显示计算相位】，勾选【预滤器】，设置【预滤器】为20，如图4-95所示。

step 6 切换到【设置】选项卡，设置【适应数量】为0.76、【噪波阈值】为0.006、【最小采样值】为20，如图4-96所示。

图4-94

图4-95

图4-96

4.6.4 保存渲染图像

当渲染参数表设置好后，下面开始渲染最终图像，这个过程很久，大家可以选择做点其他事情。

step 1 切换到摄影机视图，按快捷键Shift+Q渲染场景，如图4-97所示。

图4-97

step 2 单击【渲染帧窗口】上的【保存图像】按钮，将其保存为OpenEXR图像文件，如图4-98所示。

step 3 系统会弹出【OpenEXR配置】对话框，设置【格式】为【全浮点数（32位/每通道）】、【类型】为RGBA、【压缩】为无压缩，如图4-99所示。

图4-98

图4-99

同样，建议大家多保存一张TIF格式的效果图，方便观察和备份，如图4-100和图4-101所示。

图4-100

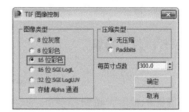

图4-101

4.7 后期处理

（扫码观看视频）

step 1 在Photoshop CS6中打开前面保存的"渲染效果图.exr"文件，如图4-102所示。

图4-102

TIPS

　　因为32位的图像保存了渲染图像中的各个通道，亮度上看起来就要正常一些。另外，在导入图像文件时，请选择【作为Alpha通道】。

step 2 执行【图像】>【调整】>【曝光度】菜单命令，如图4-103所示，打开【曝光度】对话框，设置【曝光度】为0.35、【灰度系数校正】为0.75，如图4-104所示，处理后的效果如图4-105所示。

图4-103　　　　　　　　　　　图4-104　　　　　　　　　　　图4-105

TIPS

　　此时，图像曝光充足，而且也不那么灰了。

step 3 执行【图像】>【调整】>【色阶】菜单命令，打开【色阶】对话框，调整色阶参数，增加画面的层次感，如图4-106所示，调整后的效果如图4-107所示。

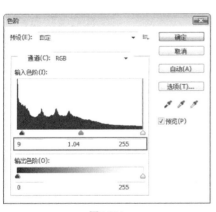

图4-106　　　　　　　　　　　　　　　　图4-107

TIPS

　　此时，画面的明暗对比更强烈，黑白灰关系也更加直观。

step 4 执行【图像】>【模式】>【16位/通道】菜单命令，如图4-108所示，打开【HDR色调】对话框，设置【方法】为【曝光度和灰度系数】，如图4-109所示，将图像转换为16位图像，效果如图4-110所示。

step 5 在图层面板中，在【背景】图层上单击鼠标右键，然后选择【复制图层】，复制一个背景图层，如图4-111所示。

图4-108　　　　　　　　　　　　　　　　　　　　图4-109

图4-110　　　　　　　　　　　　　　　　　　　　图4-111

step 6　单击【创建新的填充或调整图层】按钮 ，选择【曲线】，如图4-112所示，打开【曲线】面板，然后调整曲线的形态，如图4-113所示，调整后的效果如图4-114所示，此时，画面亮度增加了。

图4-112　　　　　　　　图4-113

图4-114

step 7　按快捷键Ctrl+Shift+Alt+E，盖印图层，将当前的效果合并盖印到一个图层上去，便于后续操作，如图4-115所示。

step 8　执行【滤镜】>【锐化】>【USM锐化】，打开【USM锐化】对话框，设置相关参数，如图4-116所示，使图像看起来更加清晰，如图4-117所示。

图4-115　　　　　　　　　　图4-116

图4-117

step 9 单击【创建新的填充或调整图层】按钮 ，选择【照片滤镜】，在【照片滤镜】属性面板中，设置【滤镜】为【加温滤镜（81）】，设置【浓度】为17%，为图像增加暖色调，如图4-118所示。此时，简单的后期处理基本完成，效果如图4-119所示。

图4-118

图4-119

第5章 家装——简欧风卫浴间柔光表现

类别	链接位置	资源名称
初始文件	场景文件	简欧卫浴间.max
成品文件	完成文件>简欧卫浴间	简欧卫浴间.max，简欧卫浴间.psd
视频文件	教学视频>简欧卫浴间	构图.mp4，材质.mp4，灯光.mp4，渲染.mp4，后期.mp4

学习目标

- 了解欧式风格的特点
- 了解卫浴空间的装饰特点
- 掌握简装的特点和要素
- 掌握半封闭空间的布光方法

- 掌握VRay网格灯光、VRay天光入口的使用方法
- 掌握绒毛、铸铁、镜子、毛巾等材质的制作方法

- 掌握明暗对比度的调整方法
- 掌握空间氛围的处理方法

5.1 项目介绍

　　本场景是一个卫浴空间，考虑到简欧风格的高贵、高雅、简洁和实用，本项目进行了如下设计：底色为白色调，墙体为淡黄色。对于家居部分，卫浴空间的马桶和浴缸都使用天然的白色陶瓷，所以在选取其他家具的时候，也尽量使用白色来统一色调，比如白色的洗手台柜、白色的台灯架以及白色的衣柜。在前面已经介绍过，金银器是欧式的特有材质，考虑到简欧的性质，可以使用黑色的铁艺来代替。这样做有两点好处：铁艺是当前主流的欧式装饰器材；铁艺的黑色可以弥补本空间黑色调不足，层次感不强的缺陷。图5-1所示是简欧风格的卫浴空间的表现效果，从图中看出整个场景呈现白色调，家具为欧式家具，但是都偏简单实用，地毯、吊灯、镜架的的黑灰色可以增加场景的层次感，整个场景烘托出一种高雅且实用的氛围，既不铺张浪费，又显高贵清雅。

图5-1

5.2 设置LWF模式

　　启动3ds Max 2014，执行【自定义】>【首选项】菜单命令，打开【首选项设置】对话框，切换到【Gamma和LUT】选项卡，勾选【启用Gamma和LUT校正】，设置【Gamma】为2.2，勾选【影响颜色选择器】和【影响材质选择器】，单击【确定】按钮，如图5-2所示 。

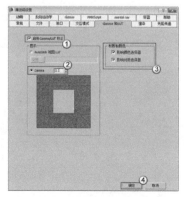

图5-2

（扫码观看视频）

5.3 场景构图

打开资源文件中的"场景文件>简欧卫浴间.max"文件，如图5-3所示，这是一个半封闭空间。下面将使用摄影机对场景进行取景。

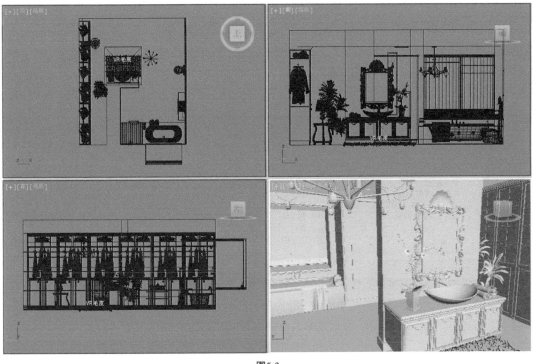

图5-3

5.3.1 设置画面比例

为了准确地取景，在创建摄影机前，我们需要对画面比例进行确定，因为是卫浴间，空间本来就不是太大，所以建议使用横构图来更多地显示空间内容。

step 1　按F10键打开【渲染设置】对话框，设置【宽度】为600、【高度】为330，锁定【图像纵横比】为1.81818，如图5-4所示，这是一个横幅比较大的横构图。

step 2　选择透视图，按快捷键Shift+F激活【安全框】，如图5-5所示。

图5-4

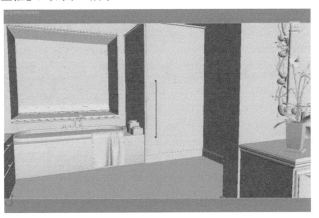

图5-5

5.3.2 创建目标摄影机

step 1 切换到顶视图，在视图中拖曳光标创建一台摄影机，使摄影机从室外拍摄室内，如图5-6所示。

step 2 选择摄影机，切换到修改面板，调整【视野】和【镜头】大小，根据顶视图的拍摄范围确定取值，如图5-7所示，此时的参数设置5-8所示。

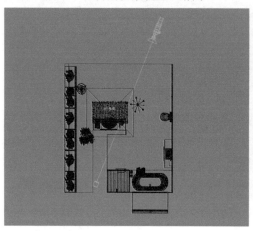

图5-6

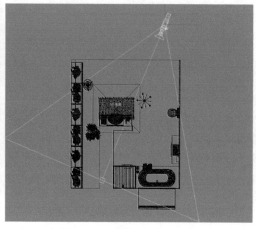

图5-7

图5-8

step 3 切换到透视图，按C键进入摄影机视图，此时的拍摄效果如图5-9所示。很明显，因为摄影机在室外，由于墙面的阻挡，导致无法拍摄到室内，所以必须使用【手动剪切】来设置拍摄范围。

step 4 切换到顶视图，选择摄影机，勾选【手动剪切】选项，然后根据顶视图的拍摄范围来调整【近距剪切】和【远距剪切】，如图5-10所示，此时的参数设置如图5-11所示。

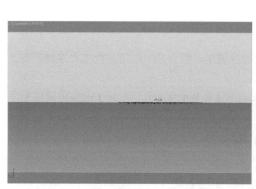

图5-9

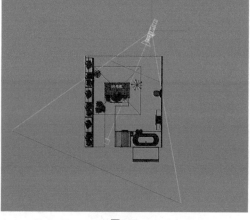

图5-10

图5-11

step 5 切换到摄影机视图，如图5-12所示，此时，摄影机能拍摄到室内了。

图5-12

切换到左视图，调整摄影机和目标点的位置，如图5-13所示，再次切换到摄影机视图，拍摄效果如图5-14所示。

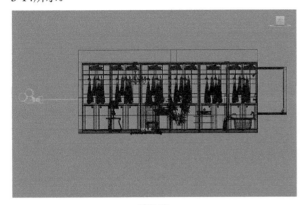

图5-13

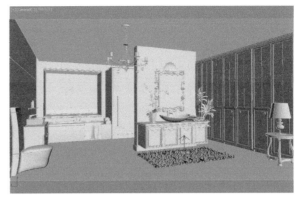

图5-14

TIPS

图5-15是目标点的坐标值，图5-16是摄影机的坐标值。因为界面显示问题，请注意它们的单位为毫米（mm）。

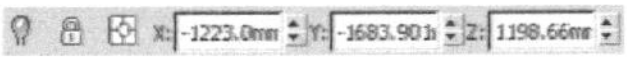

图5-15

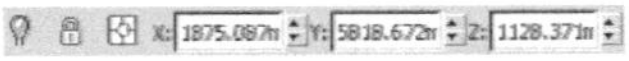

图5-16

step 7 注意观察图5-14所示的拍摄效果，没有太多的透视问题，这是因为摄影机的目标点和摄影机没有太大的落差。但是，为了严谨，我们还是来校正一下摄影机。选中摄影机，在视图中单击鼠标右键，在弹出的菜单中选择【应用摄影机校正修改器】，如图5-17所示。

step 8 此时，系统会为摄影机加载一个【摄影机校正】修改器，用于校正当前摄影机的透视效果。进入修改面板，可以查看到【摄影机校正】修改器，设置【数量】为-0.345、【角度】为90°，如图5-18所示，此时的摄影机拍摄效果如图5-19所示。

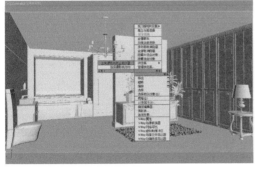

图5-17

图5-18

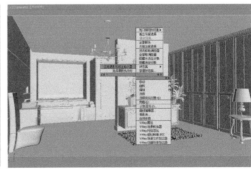

图5-19

TIPS

图中的橙色线段表示【摄影机校正】修改器的显示状态。

5.3.3 模型检查

在创建好摄影机，确定了构图后，下面开始对场景模型进行检查。对于模型的检查，可以使用一个test材质进行覆盖处理。同理，本次设置的渲染参数将成为测试参数。

step 1 按M键打开【材质编辑器】，选择一个空白材质球，设置为VRayMtl材质，将其命名为test，设置【漫反射】颜色为（红:220，绿:220，蓝:220），如图5-20所示。

TIPS

　　细心的朋友应该可以发现，【材质编辑器】中的材质窗口的亮度大了，这是因为LWF模式下，勾选了【影响材质选择器】造成的。

step 2 按F10键打开【渲染设置】对话框，在【公用参数】中设置【长度】为800，【宽度】会自动刷新为440，如图5-21所示。

step 3 切换到【VRay】选项卡，打开【全局设置】卷展栏，勾选【覆盖材质】，将【材质编辑器】中的test材质拖曳到【覆盖材质】的通道中，并选择【实例】，单击【确定】按钮，如图5-22所示。

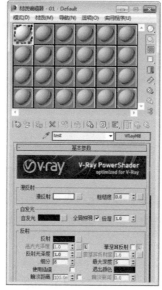

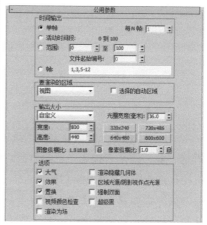

图5-20　　　　　　　　　　　　　　　　图5-21

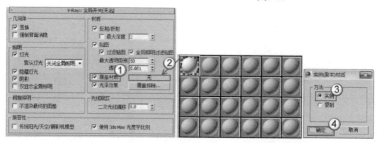

图5-22

step 4 打开【图像采样器（反锯齿）】卷展栏，设置【类型】为【自定义确定性蒙特卡洛】，选择【区域】，如图5-23所示。

step 5 切换到【间接照明】选项卡，打开【间接照明（GI）】卷展栏，勾选【开】，设置【首次反弹】和【二次反弹】的【全局照明引擎】分别为【发光图】和【灯光缓存】，如图5-24所示。

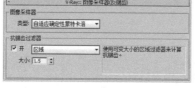

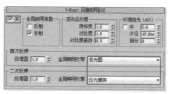

图5-23　　　　　　　　　　　　　　图5-24

step 6 打开【发光图】卷展栏，设置【当前预置】为【非常低】、【半球细分】为20，如图5-25所示。

step 7 打开【灯光缓存】卷展栏，设置【细分】为200，勾选【显示计算相位】，如图5-26所示。

图5-25

图5-26

step 8 这里考虑使用室外光来照亮场景，在摄影机视图中选择如图5-27所示的窗户玻璃，单击鼠标右键，选择【隐藏选定对象】将窗户玻璃模型隐藏，如图5-28所示，让其通透，可以进行透光，如图5-29所示。

图5-27

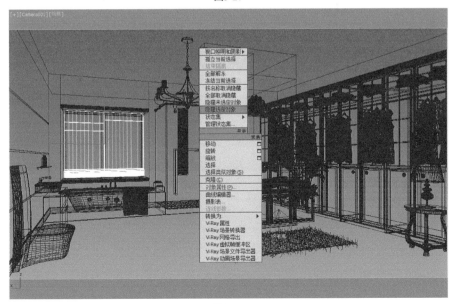
图5-28

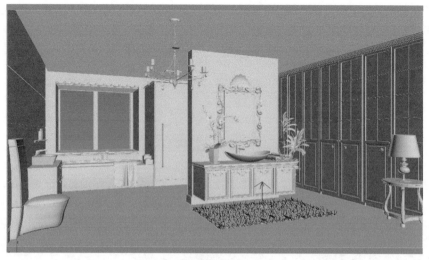

图5-29

step 9 在场景中的窗户外创建一盏【VRay灯光】的【平面】光，用于模拟透过窗户照射到室内的天光，灯光如图5-30所示。

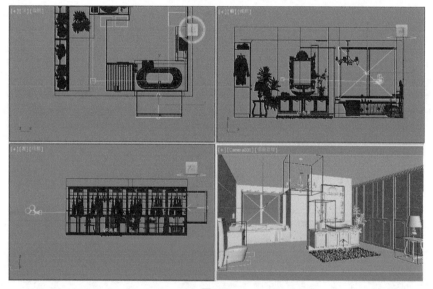

图5-30

step 10 选择创建的【平面】光，勾选【天光入口】和【简单】选项，取消勾选【影响反射】选项，如图5-31所示。

step 11 因为这里是使用【VRay灯光】模拟天光，所以必须要设置环境。按8键打开【环境和效果】对话框，设置【颜色】为（红:185，绿:226，蓝:254），模拟天空的蓝色，如图5-32所示。

图5-31

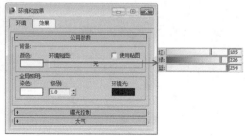

图5-32

step 12 按C键切换到摄影机视图，按快捷键Shift+Q渲染场景，效果如图5-33所示，此时场景没有问题。

图5-33

图5-34

图5-35

　　从图5-35中可以看出，没有设置【环境和效果】，保持天空颜色为黑色，即没有亮度，也照不亮室内，所以，决定【天光入口】的还是【环境和效果】。

5.4 灯光布置

[扫码观看视频]

　　当构图和模型检查都处理好了，下面开始对场景进行补光，本实例使用的是柔光照明，主要以体现室内灯光为主。另外，本场景使用LWF模式的布光，将不会使用"补光"。

　　第1步：以天光为环境光，透过窗户，照亮室内。（在模型检查中已经设置好，不用再处理）

　　第2步：使用吊灯、台灯、柜灯修饰室内灯光。

　　第3步：因为场景中有其他房间，可以考虑照亮其他房间来增加灯光效果。

5.4.1 创建吊灯

因为在模型检查的时候已经创建好天光，所以这里我们可以直接创建室内灯光。在此，将使用【网格】灯光来模拟吊灯，这样既能保持灯光的形状，也能保证亮度适宜。

step 1 切换到透视图，选择场景中的吊灯，单击【孤立当前选择切换】按钮▦或按快捷键Alt+W将吊灯模型独立显示，如图5-36所示。

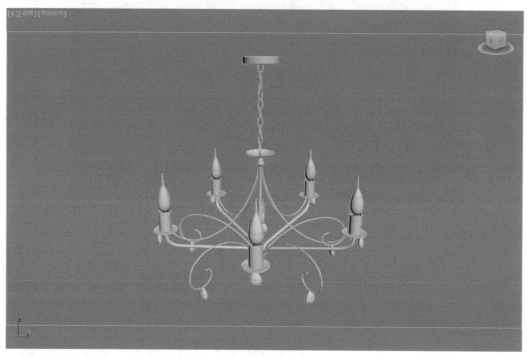

图5-36

🔔 TIPS

如果按快捷键Alt+W没有任何反应，是因为有其他程序占用了该快捷键，比如QQ，如图5-37所示，遇到类似问题，只需将其他程序的快捷键删除即可。

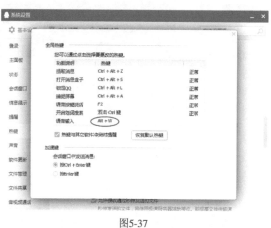

图5-37

step 2 使用【VRay灯光】在当前独立显示的场景中创建一盏灯光，任意位置均可，如图5-38所示。

step 3 选择上一步创建的灯光，将【类型】修改为【网格】，此时在视图中，灯光示意图会变为球形，单击【拾取网格】按钮，在视图中选择灯泡对象，如图5-39所示。

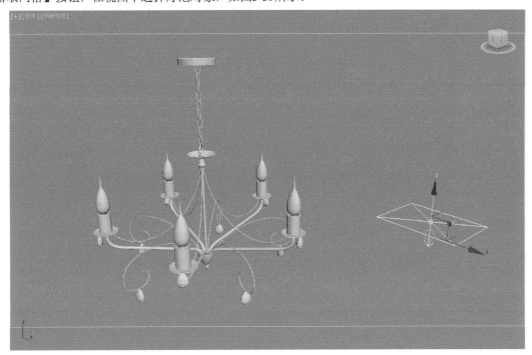

图5-38

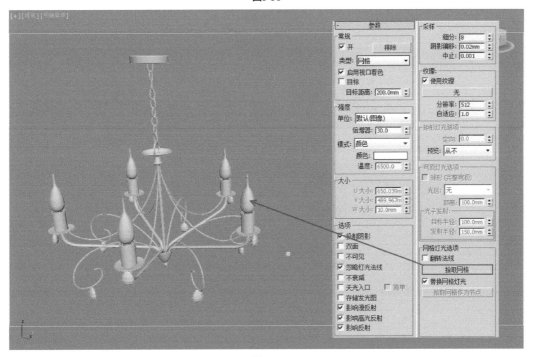

图5-39

TIPS

为了方便大家操作，我在此处已经将所有灯泡合并为一个对象。大家在制作的时候可以参考折中方法。

step 4 拾取了网格后，【VRay灯光】图示消失，灯泡模型变为灯光，在修改面板【可编辑网格】对象中也出现【VRay灯光】，如图5-40所示。

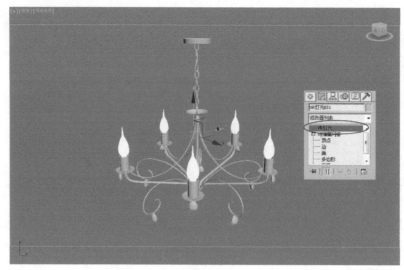

图5-40

🐭 **TIPS**

　　若拾取网格后，想要取消拾取，即还原网格对象，可以单击【拾取网格作为节点】按钮，如图5-41所示。单击该按钮后，就会在灯光内部还原网格对象，对象外面会罩着网格灯，删除网格灯即可。

图5-41

step 5 选择【网格】灯，设置【倍增器】为30、【颜色】为（红:255，绿:251蓝:243），略微的偏黄可以使房间温馨一点，如图5-42所示。

图5-42

step 6 单击【孤立当前选择切换】按钮 ，切换到摄影机视图，按快捷键Shift+Q渲染场景，效果如图5-43所示。此时，室内环境被照亮，而且灯泡的开启效果比较好。

图5-43

5.4.2 创建天花灯

天花灯同样将使用【网格】灯光来进行模拟。

step 1 切换到透视图，选择场景中的天花灯，如图5-44所示，按快捷键Alt+W独立显示，如图5-45所示。

图5-44　　　　　　　　　　　　　　　　　　图5-45

step 2 同样，在当前视图的任意位置创建一盏【VRay灯光】，如图5-46所示。

 TIPS

为了方便查找，大家在创建的时候，可以创建为【平面】或者【球体】灯光，因为直接创建【网格】灯光会很难找到灯光。

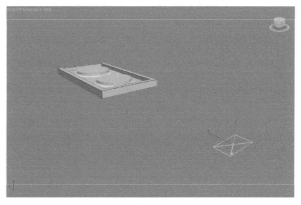

图5-46

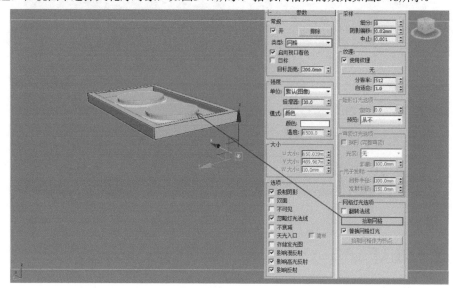

step 3 选择【平面】灯，将【类型】修改为【网格】，此时在视图中，灯光示意图会变为球形，单击【拾取网格】按钮，在视图中选择天花灯对象，如图5-47所示，拾取网格后的效果如图5-48所示。

图5-47

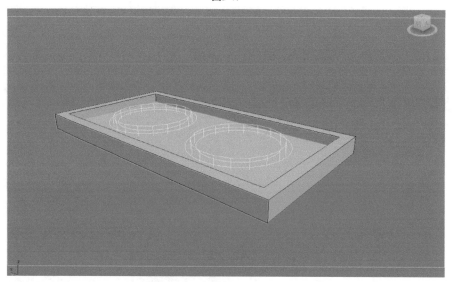

图5-48

step 4 选择天花的【网格】灯，将参数设置为与吊灯相同即可，如图5-49所示。

图5-49

126

step 5 单击【孤立当前选择切换】按钮，切换到摄影机视图，按快捷键Shift+Q渲染场景，效果如图5-50所示。此时，室内的亮度提高了一些，浴缸处的亮度更加明亮自然。

图5-50

5.4.3 创建灯带

在墙壁处设计了灯槽，这是卫浴空间的常见装修方法，即通过灯槽来增加室内的灯光效果。

step 1 切换到顶视图，使用【VRay灯光】在灯槽中创建一盏【平面】灯光，如图5-51所示。

step 2 切换到前视图，移动灯光位置到如图5-52所示的位置。

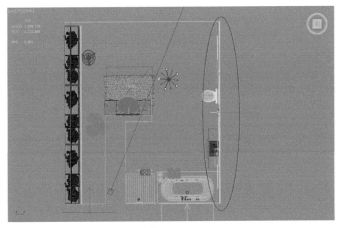

图5-51

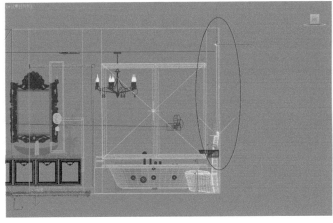

图5-52

TIPS

为了方便大家寻找，壁灯在场景中对应的位置如图5-53所示。

图5-53

step 3 选择灯光，设置【倍增器】为4、【颜色】为（红:255，绿:234，蓝:192），灯的【大小】与灯槽大小吻合即可，勾选【不可见】选项，取消勾选【影响反射】选项，如图5-54所示。

图5-54

step 4 切换到摄影机视图，按快捷键Shift+Q渲染场景，效果如图5-55所示，此时，灯槽处有亮光，场景变亮。

图5-55

5.4.4 创建台灯

使用【VRay灯光】的【球体】灯来模拟台灯照明。

step 1 切换到顶视图，使用【VRay灯光】在台灯中创建一盏【球体】灯光，如图5-56所示。

step 2 切换到左视图，调整【球体】灯的位置，将它移动到台灯内，如图5-57所示。

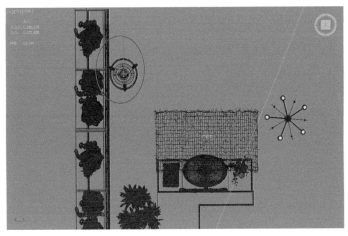

图5-56

图5-57

step 3 选择台灯中的【球体】灯，设置【倍增器】为15、【颜色】为（红:245，绿:174，蓝:111），维持【半径】在45mm左右，勾选【不可见】选项，如图5-58所示。

step 4 切换到摄影机视图，按快捷键Shift+Q渲染场景，效果如图5-59所示，此时，台灯处光亮了不少。

图5-58

图5-59

5.4.5 创建柜脚灯

观察图5-59的效果，可以发现地毯和柜子处比较暗，可以考虑在柜子下方设计一个柜脚灯，这也是一种家装装饰灯的设计方法。

step **1** 切换到顶视图，使用【VRay灯光】的【平面】光在洗手台的柜子内侧创建一盏灯光，如图5-60所示。

step **2** 切换到前视图，调整灯光的位置，如图5-61所示。

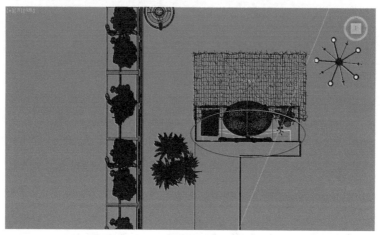

图5-60

图5-61

step **3** 选择柜脚处的灯，设置【倍增器】为1、【1/2长】为680.884mm、【1/2宽】为92.218mm，勾选【不可见】选项，取消勾选【影响反射】选项，如图5-62所示。

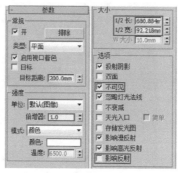

图5-62

step 4　切换到摄影机视图，按快捷键Shift+Q渲染场景，效果如图5-63所示，此时，洗手台下方亮了不少。

图5-63

5.4.6 创建其他房间的灯光

根据LWF布光原理，此时，卫浴空间的布光已经完成，但是考虑到场景的现实性，作为卫浴空间，在过道处肯定会有其他房间的灯光，所以建议在过道处使用【平面】灯来模拟其他房间溢出的灯光。

step 1　切换到前视图，在卫浴间的过道入口处创建一盏【平面】灯光，如图5-64所示。

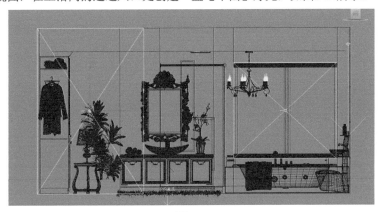

图5-64

step 2　切换到顶视图，调整灯光的位置，如图5-65所示。

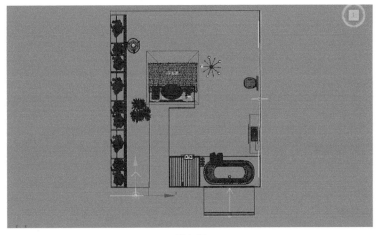

图5-65

step 3　选择入口处的灯，设置【倍增器】为4、【颜色】为（红:210，绿:238，蓝:255），如图5-66所示。

step 4　切换到摄影机视图，按快捷键Shift+Q渲染场景，效果如图5-67所示，此时，整个空间布光完成。

图5-66　　　　　　　　　　　　　　　　　　　　图5-67

TIPS

为什么未对其他参数进行设置，因为在效果图制作中，对于未出现在视野范围内的对象，都不用表现，而此处，我们需要的仅仅是光照效果，对于灯光大小，只要大于入口即可。

5.5 材质模拟

（扫码观看视频）

灯光布置好了以后，可将灯光隐藏，防止在材质制作中移动了灯光的位置。其实场景中的材质种类并不多，为了方便大家学习和识别，我将要制作的主要材质进行了说明，如图5-68所示。

图5-68

5.5.1 地板材质

欧式风格的地板材质有以下特点。在制作的时候注意相关参数和贴图的选取。

- **颜色偏淡，色感偏淡黄。**
- **表面凹凸感。**
- **为了真实地模拟反射效果，可以考虑菲涅耳反射。**
- **有高光和模糊反射。**

在【材质编辑器】中新建一个VRayMtl材质球，具体参数设置如图5-69所示，材质球效果如图5-70所示，材质渲染效果如图5-71所示。

设置步骤

① 在【漫反射】贴图通道中加载一张"场景文件>简欧卫浴间>贴图>e232333.jpg"位图，设置【模糊】为0.01，模拟大理石地板的表面纹理和颜色。

② 在【反射】贴图通道中加载一张"衰减"程序图，设置【衰减类型】为Fresnel，模拟菲涅尔反射效果；设置【高光光泽度】为0.9、【反射光泽度】为0.85，模拟高光和模糊成像效果。

③ 打开【贴图】卷展栏，将【漫反射】中的贴图以【实例】的形式拖曳复制到【凹凸】贴图通道中，设置强度为40，模拟地板表面的凹凸纹理。

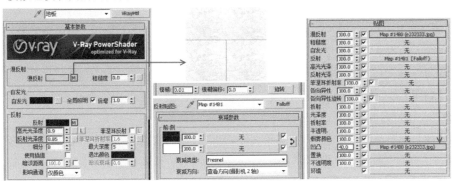

图5-69

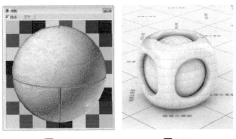

图5-70　　　　　　　图5-71

5.5.2 绒毛地毯材质

棕色的地毯可以使空间中的黑白灰关系明确，但是简欧风格的色彩偏淡，这是必须要注意的。所以在选择绒布贴图的时候，应该考虑到颜色，主要特点如下。

- **颜色为棕色**
- **颜色偏淡**

在【材质编辑器】中新建一个VRayMtl材质球，因为可以通过【VRay毛皮】来模拟了绒毛效果，所以对于地毯部分，只需要通过一张位图模拟就可以了。在【漫反射】贴图通道中加载一张"场景文件>简欧卫浴间>贴图>绒毛地毯.jpg"位图，如图5-72所示，材质球效果如图5-73所示，材质渲染效果如图5-74所示。

图5-72　　　　　　　　　图5-73　　　　　　　　　图5-74

5.5.3 毛巾材质

在前面介绍过棉布材质的制作方法，毛巾材质的制作方法大致与棉布和地毯类似，都是通过贴图来模拟。在此，将使用【置换】来真实地模拟毛巾的质感。

在【材质编辑器】中新建一个VRayMtl材质球，具体参数设置如图5-75所示，材质球效果如图5-76所示，材质渲染效果如图5-77所示。

设置步骤

① 打开【贴图】卷展栏，在【漫反射】贴图通道中加载一张"场景文件>简欧卫浴间>贴图>arch30_019_diffuse.jpg"位图，模拟毛巾花纹，

② 在【置换】贴图通道中加载一张"场景文件>简欧卫浴间>贴图>arch30_towelbump4.jpg"位图，设置强度为10，模拟毛巾的表面凹凸效果。

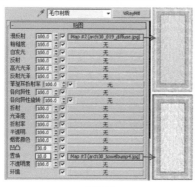

图5-75

图5-76

图5-77

5.5.4 磨砂玻璃材质

玻璃材质的制作方法，在前面已经介绍过了，这里不再详细介绍。大家需要注意的是，磨砂玻璃材质的透光不透视效果，其实就是折射强度和折射效果造成的。具体参数如图5-78所示，材质效果如图5-79所示，渲染效果如图5-80所示。

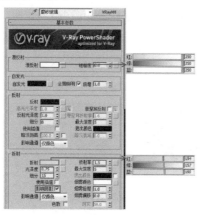

图5-78

图5-79

图5-80

5.5.5 铸铁材质

在设计初期就有所介绍，欧式风格会使用金银器材表现。考虑到简欧风格的简单和实用，以及画面的层次感。我们将使用铁艺装饰来代替金银器，本场景就使用了铁艺吊灯和铁艺镜框。关于铸铁材质，大家要注意下面4个特点。

- **铸铁本身通常为黑色。**
- **铸铁有反射，但反射强度很弱。**
- **铸铁有较大区域的高光，反射效果比较模糊。**
- **铸铁因为其材质粗糙，所有表面通常有刮痕。**

在【材质编辑器】中新建一个VRayMtl材质球，具体参数设置如图5-81所示，材质球效果如图5-82所示，材质渲染效果如图5-83所示。

设置步骤

① 设置【漫反射】的颜色为（红:2，绿:2，蓝:2），模拟铸铁本身的黑色。

② 设置【反射】颜色为（红:10，绿:10，蓝:10），模拟铸铁较弱的反射强度；设置【高光光泽度】为0.6，模拟铸铁较大的高光区域；设置【反射光泽度】为0.7，模拟铸铁的反射模糊效果。

③ 打开【贴图】卷展栏，在【凹凸】贴图通道中加载一张"场景文件>简欧卫浴间>贴图>调整大小bl015b.jpg"刮痕贴图，模拟铸铁表面的刮痕效果。

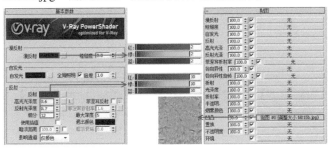

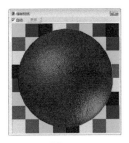

图5-81　　　　　　　　　　　　　　　图5-82　　　　　　图5-83

5.5.6 镜子材质

镜子材质其实和玻璃材质比较类似，但是区别在于镜子的后面是镀了一层金属，使镜子可以成像。大家在制作的时候，注意以下特点即可。

- **镜子镀层一般为黑色。**
- **镜子呈镜面反射。**
- **镜子不透视。**

在【材质编辑器】中新建一个VRayMtl材质球，具体参数设置如图5-84所示，材质球效果如图5-85所示，材质渲染效果如图5-86所示。

设置步骤

① 设置【漫反射】的颜色为（红:0，绿:0，蓝:0），模拟镀层的黑色。

② 设置【反射】颜色为（红:255，绿:255，蓝:255），模拟镜面反射。

TIPS

到此，本章节有关材质的介绍已经完成，因为卫浴空间的材质本来就不多，对于未做介绍的材质，比如不锈钢、墙砖、乳胶漆、白漆和铜质等材质，在前面的场景表现中均有介绍，大家可以参考这些参数来进行设置。当然，大家也可以打开完成文件来查看。

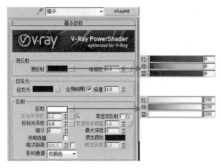

图5-84

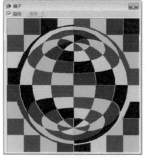

图5-85

图5-86

5.6 最终渲染

（扫码观看视频）

当材质和灯光都处理好了以后，就将进入3ds Max的最后一步——渲染最终效果图。这里再提一下，对于最终效果图的渲染参数，本书都是给的一个参考参数，大家在学习的时候，可以适当降低相关质量，提高渲染速度；当然，在商业效果图中，速度和质量一直是大家关注的问题，通常会选择一个折中的参数来进行渲染。

5.6.1 曝光处理

在灯光布置的时候，考虑到材质的反射和折射会对曝光有影响，所以未进行曝光处理。现在，材质已经指定好了，那么，就可以进行曝光处理了。

step 1 按F10键打开【渲染设置】对话框，切换到【VRay】选项卡，打开【颜色贴图】卷展栏，设置【类型】为【莱因哈德】，勾选【子像素贴图】和【钳制输出】，设置【钳制级别】为0.98；设置【倍增】为1.8、【加深值】为1.1、【伽玛值】为0.9，如图5-87所示。

图5-87

> **TIPS**
>
> 关于【莱因哈德】的参数，可以查询第2章的内容。

step 2 切换到摄影机视图，按快捷键Shift+Q渲染场景，效果如图5-88所示。

图5-88

> **TIPS**
>
> 从图片亮度来看，渲染效果明显偏暗。但是，此时，我不建议大家重置灯光，对于亮度问题，可以在后期中处理，那时，你就会发现后期的优势了。

5.6.2　设置灯光细分

关于灯光细分的设置方法可以参考第3章中的参数，这里不再具体介绍，建议设置为8的倍数。

5.6.3　设置渲染参数

step 1　按F10键打开【渲染设置】对话框，设置【宽度】为4000，【高度】会自动更新为2200，如图5-89所示。

step 2　切换到【VRay】选项卡，打开【全局开关】卷展栏，设置【二次光线偏移】为0.001，防止重面，如图5-90所示。

step 3　打开【图像采样器（反锯齿）】卷展栏，设置【类型】为【自适应确定性蒙特卡洛】，选择VRaySincFilter，在【自适应DMC图像采样器】中设置【最大细分】为12，如图5-91所示。

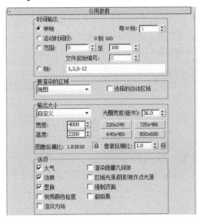

图5-89

图5-90

图5-91

step 4　切换到【间接照明】选项卡，打开【发光图】卷展栏，设置【当前预置】为【中】、【半球细分】为60，如图5-92所示。

step 5　打开【灯光缓存】卷展栏，设置【细分】为1500，勾选【显示计算相位】，勾选【预滤器】，设置【预滤器】为20，如图5-93所示。

step 6　切换到【设置】选项卡，设置【适应数量】为0.76、【噪波阈值】为0.006、【最小采样值】为20，如图5-94所示。

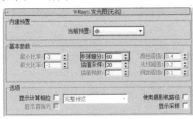

图5-92

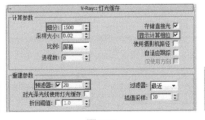

图5-93

图5-94

5.6.4　保存渲染图像

渲染参数表设置好后，下面我们开始渲染最终图像。这个过程很久，其间，大家可以选择做点其他事情。

step 1 切换到摄影机视图，按快捷键Shift+Q渲染场景，如图5-95所示。

图5-95

step 2 单击【渲染帧窗口】上的【保存图像】按钮，将其保存为OpenEXR图像文件，如图5-96所示。

step 3 系统会弹出【OpenEXR配置】对话框，设置【格式】为【全浮点数（32位/每通道）】、【类型】为RGBA、【压缩】为无压缩，如图5-97所示。

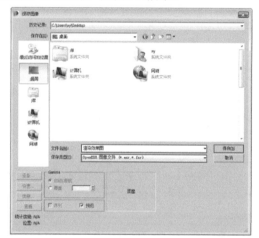

图5-96　　　　　　　　　　　　　　　图5-97

TIPS

同样，建议大家多保存一张TIF格式的效果图，方便观察和备份，如图5-98和图5-99所示。

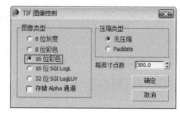

图5-98　　　　　　　　　　　　　　　图5-99

5.7 后期处理

（扫码观看视频）

step 1 在Photoshop CS6中打开前面保存的"渲染效果图.exr"文件，如图5-100所示。

图5-100

TIPS

因为32位的图像保存了渲染图像中的各个通道，亮度上看起来就要正常一些。另外，在导入图像文件时，请选择【作为Alpha通道】。

step 2 执行【图像】>【调整】>【曝光度】菜单命令，如图5-101所示，打开【曝光度】对话框，设置【曝光度】为0.9、【灰度系数校正】为0.8，如图5-102所示，处理后的效果如图5-103所示。

图5-101

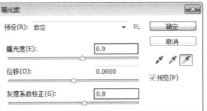

图5-102

图5-103

TIPS

此时，图像看起来曝光充足，而且也不那么灰了。

step 3 执行【图像】>【调整】>【色阶】菜单命令，打开【色阶】对话框，调整色阶参数，增加画面的层次感，如图5-104所示，调整后的效果如图5-105所示。

TIPS

此时，画面的明暗对比更强烈，黑白灰关系也更加直观。

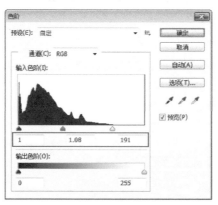

图5-104

图5-105

step 4　执行【图像】>【模式】>【16位/通道】菜单命令，如图5-106所示，打开【HDR色调】对话框，设置【方法】为【曝光度和灰度系数】，如图5-107所示，将图像转换为16位图像，效果如图5-108所示。

step 5　在图层面板中，在【背景】图层上单击鼠标右键，然后选择【复制图层】，复制一个背景图层，如图5-109所示。

图5-106　　　　　　　　　　　　图5-107

图5-108　　　　　　　　　　　　图5-109

step 6　单击【创建新的填充或调整图层】按钮，选择【曲线】，如图5-110所示，打开【曲线】面板，然后调整曲线的形态，如图5-111所示，调整后的效果如图5-112所示，此时，画面亮度增加了。

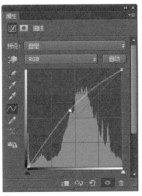

图5-110　　　　　　　　　　　　图5-111

图5-112

step 7 按快捷键Ctrl+Shift+Alt+E，盖印图层，将当前的效果合并盖印到一个图层上去，便于后续操作，如图5-113所示。

step 8 执行【滤镜】>【锐化】>【USM锐化】，打开【USM锐化】对话框，设置相关参数，如图5-114所示，使图像看起来更加清晰，如图5-115所示。

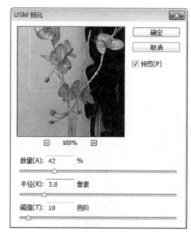

图5-113   图5-114

图5-115

TIPS

锐化可以使图像清晰，但是不要过分锐化，强烈的锐化可以使图像更加生硬。所以，在此，这个参数值，大家可以参考一下。

step 9 执行【滤镜】>【杂色】>【减少杂色】菜单命令，使用默认参数去除图像中的杂色，如图5-116所示，效果如图5-117所示。

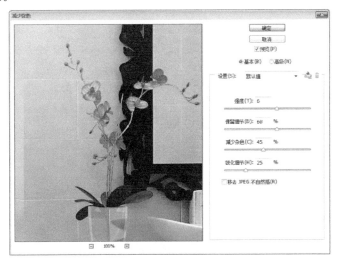

图5-116

图5-117

step 10 为当前图层添加一个【色相/饱和度】图层，用于调整图像的黄色的饱和度，如图5-118所示，然后在【色相/饱和度】的【属性】面板中调整黄色的饱和度，如图5-119所示，调整后的效果如图5-120所示。

图5-118　　　　　　　　图5-119

图5-120

TIPS

此时，是否发现墙面和地板更亮了，而且颜色也更加淡雅了？

step 11 单击【创建新的填充或调整图层】按钮 ◎，选择【照片滤镜】，在【照片滤镜】属性面板中，设置【滤镜】为【冷却滤镜（82）】，设置【浓度】为8%，为图像添加适当的冷色调，烘托出欧式风格高雅的氛围，如图5-121所示。此时，简单的后期处理基本完成，效果如图5-122所示。

图5-121

图5-122

第 6 章 家装——美式风格书房夜晚表现

类别	链接位置	资源名称
初始文件	场景文件	美式书房.max
成品文件	完成文件>美式书房	美式书房.max，美式书房.psd
视频文件	教学视频>美式书房	构图.mp4，材质.mp4，灯光.mp4，渲染.mp4，后期.mp4

学习目标

- 了解美式风格的特点
- 了解美式风格的家具特点
- 掌握夜晚灯光的布置方法

- 掌握封闭空间的布光方法
- 掌握木纹、皮、水晶等材质的制作方法

- 掌握现代风格的表现方法
- 掌握夜景图像的后期处理技法

6.1 项目介绍

　　本场景是书房空间，有些书房是全封闭的，所以，通过夜晚来表现是一个不错的选择。夜晚效果需要的灯光比较多，所以可以考虑使用美式风格，且美式风格奢华，古典气氛强，非常适合书房。对于美式风格的表现，在前面已经提到过，美式风格讲究舒适，有欧式的奢华，也有中式的古典，所以在家具选取上可以考虑有线条和雕花的家具，家具应该体现奢华的氛围；对于古典性质，可以考虑使用深色原木来表现，恰好美式风格的表现也会使用原木，而且美式风格通常是棕色，所以可以考虑棕色的木材。图6-1所示就是美式风格的夜晚书房效果，奢华、古典、粗犷和舒适是否被体现得淋漓尽致？

图6-1

6.2 设置LWF模式

　　启动3ds Max 2014，执行【自定义】>【首选项】菜单命令，打开【首选项设置】对话框，切换到【Gamma和LUT】选项卡，勾选【启用Gamma和LUT校正】，设置【Gamma】为2.2，勾选【影响颜色选择器】和【影响材质选择器】，单击【确定】按钮，如图6-2所示。

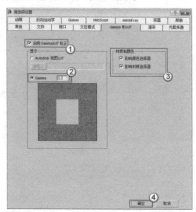

图6-2

6.3 场景构图

（扫码观看视频）

打开资源文件中的"场景文件>美式书房.max"文件，如图6-3所示，这是一个全封闭空间，下面将使用摄影机对场景进行取景。

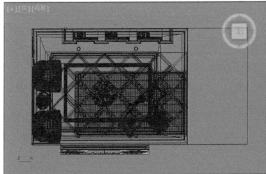
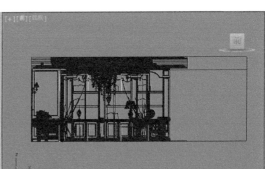
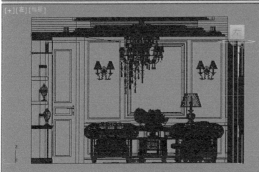
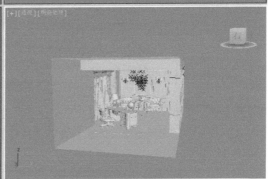

图6-3

🐝 TIPS

在这里大家应该会有一个疑问：为什么从外面往场景内看，能看到室内；而从室内往外看，却看不到室外呢？

这是因为，对对象进行了【背面消隐】处理，选择对象，单击鼠标右键，选择【对象属性】，在对话框中取消勾选【背面消隐】即可还原，如图6-4所示。使用【背面消隐】通常是为了方便视图观察，对渲染没有任何影响。

图6-4

如果在处理其他对象时，使用了【背面消隐】，出现了相反的情况：外看内，看不见；内看外，看得见。这时候，只需要反转对象法线即可。

6.3.1 设置画面比例

因为是美式风格，所以要求能尽可能体现空间的宽大和纵深，所以建议使用竖构图。

`step 1` 按F10键打开【渲染设置】对话框，设置【宽度】为600、【高度】为660，锁定【图像纵横比】为0.90090，如图6-5所示。

`step 2` 选择透视图，按快捷键Shift+F激活【安全框】，如图6-6所示。

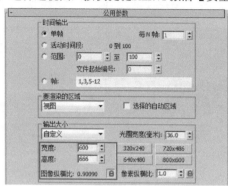 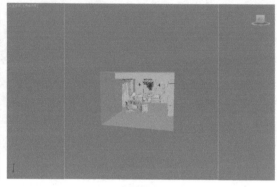

图6-5   图6-6

6.3.2 创建目标摄影机

`step 1` 切换到顶视图，在视图中拖曳光标创建一台摄影机，如图6-7所示。

`step 2` 选择摄影机，切换到修改面板，调整【视野】和【镜头】大小，根据顶视图的拍摄范围确定取值，此时的参数设置如图6-8所示。

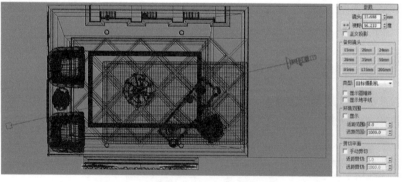

图6-7   图6-8

`step 3` 切换到前视图，调整摄影机和目标点的位置，如图6-13所示，再次切换到摄影机视图，拍摄效果如图6-9所示。

`step 4` 切换到摄影机视图，此时的摄影机拍摄效果如图6-10所示。

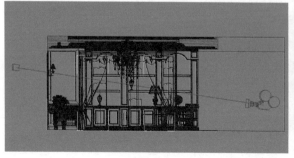 

图6-9   图6-10

TIPS

此时，拍摄效果是正确的，所以不需要使用【摄影机校正】修改器。

6.3.3 模型检查

在创建好摄影机，确定了构图后，下面开对场景模型进行检查，对于模型的检查，可以使用一个test材质进行覆盖处理。同理，本次设置的渲染参数将成为测试参数。

step 1 按M键打开【材质编辑器】，选择一个空白材质球，设置为VRayMtl材质，将其命名为test，设置【漫反射】颜色为（红:220，绿:220，蓝:220），如图6-11所示。

TIPS

细心的朋友应该可以发现，【材质编辑器】中的材质窗口的亮度大了，这是因为LWF模式下，勾选了【影响材质选择器】造成的。

step 2 按F10键打开【渲染设置】对话框，在【公用参数】中设置【长度】为800，【宽度】会自动刷新为888，如图6-12所示。

step 3 切换到【VRay】选项卡，打开【全局设置】卷展栏，勾选【覆盖材质】，将【材质编辑器】中的test材质拖曳到【覆盖材质】的通道中，并选择【实例】，单击【确定】按钮，如图6-13所示。

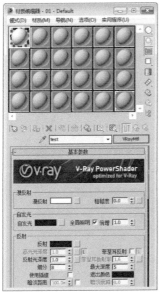

图6-11

图6-12

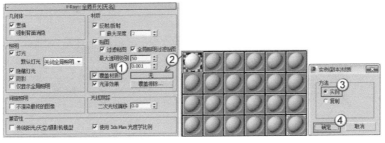

图6-13

149

step 4 打开【图像采样器（反锯齿）】卷展栏，设置【类型】为【自定义确定性蒙特卡洛】，选择【区域】，如图6-14所示。

step 5 切换到【间接照明】选项卡，打开【间接照明（GI）】卷展栏，勾选【开】，设置【首次反弹】和【二次反弹】的【全局照明引擎】分别为【发光图】和【灯光缓存】，如图6-15所示。

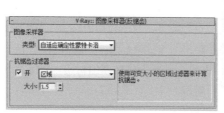

图6-14

图6-15

step 6 打开【发光图】卷展栏，设置【当前预置】为【非常低】、【半球细分】为20，如图6-16示。

step 7 打开【灯光缓存】卷展栏，设置【细分】为200，勾选【显示计算相位】，如图6-17。

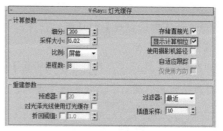

图6-16

图6-17

step 8 因为是室内全封闭空间，所以主光为吊灯。切换到透视图，选择吊灯模型，按快捷键Alt+Q独立显示吊灯模型，如图6-18所示。

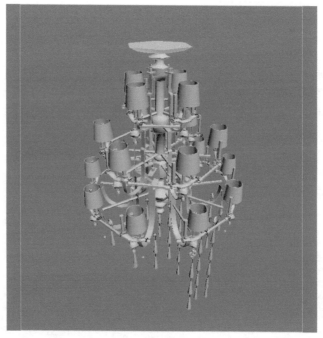

图6-18

step 9 在场景中创建一盏【VRay灯光】的【球体】灯，将它放在吊灯中，以【实例】的形式复制到每一个吊灯中，如图6-19所示。

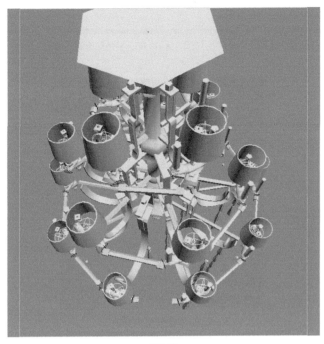

图6-19

step 10 选择任意一盏【球体】灯光，设置【倍增器】为40、【半径】为30mm，勾选【不可见】选项，如图6-20所示。

step 11 单击【孤立当前选择切换】按钮▓，按C键切换到摄影机视图，按快捷键Shift+Q渲染场景，效果如图6-21所示，此时场景没有问题。

图6-20

图6-21

对于天花板不亮，并不是模型的问题，而是因为灯罩为test材质，不具有玻璃的透光性。大家可以尝试隐藏吊灯对象，渲染效果如图6-22所示。

图6-22

为了使灯光不出现误差，可以将吊灯隐藏，在材质制作的时候再取消隐藏。

6.4 灯光布置

构图和模型检查都处理好了，下面开始对场景进行补光，本场景是全封闭空间，所以光源均为室内灯光。

（扫码观看视频）

第1步：创建吊灯，此灯为主光源。

第2步：创建室内其他修饰光源。

6.4.1 创建吊灯

因为在模型检查的时候创建了吊灯，所以在这里，我们只需要根据美式风格来调整灯光颜色，根据夜晚来调整灯光亮度。

step 1 选择已经创建的任意一盏【球体】灯光，修改【倍增器】为30、【颜色】为（红:252，绿:183，蓝:109），如图6-23所示。

step 2 切换到摄影机视图，按快捷键Shift+Q渲染场景，如图6-24所示。

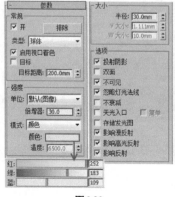

图6-23

图6-24

6.4.2 创建筒灯

在前面已经介绍过，边吊和筒灯是很常用的搭配方式。

step 1　因为前面介绍过筒灯的创建方法，所以这里不再详细介绍了，在场景的灯筒处创建6盏【目标灯光】，具体位置如图6-25~图6-27所示。

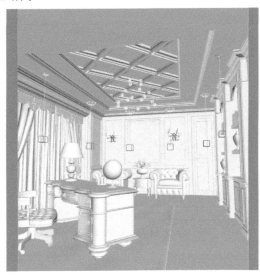

图6-25

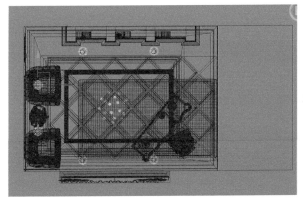

图6-26

图6-27

step 2　选择创建的【目标灯光】，对它们进行设置，【目标灯光】的设置方法都大同小异，具体参数如图6-28所示。

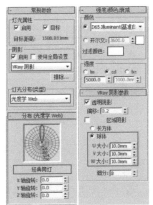

图6-28

step 3 切换到摄影机视图，按快捷键Shift+Q渲染场景，效果如图6-29所示。此时，室内的亮度提高了一些。

图6-29

TIPS

如果渲染后亮度没变，这是因为筒灯被test材质指定，而【目标灯光】被筒灯孔的test材质挡住了，可以考虑将【目标灯光】移动到边吊下方，使灯光完全在边吊外。

6.4.3 创建壁灯

step 1 在场景中的壁灯中创建4盏【VRay灯光】的【球体】灯光，用来模拟壁灯照明，灯光位置如图6-30~图6-32所示。

图6-30

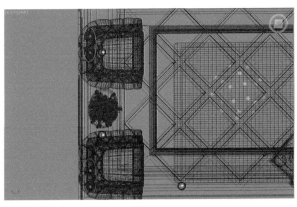

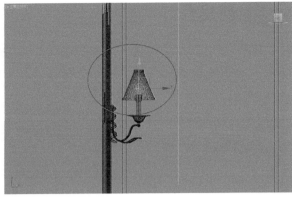

图6-31 图6-32

step 2 选择创建的【球体】光，设置【倍增器】为80、【颜色】为（红:255，绿:214，蓝:153）、【半径】为30mm，勾选【不可见】选项，如图6-33所示。

图6-33

step 3 切换到摄影机视图，按快捷键Shift+Q渲染场景，效果如图6-34所示，此时，灯槽处有亮光，场景变亮。

图6-34

6.4.4 创建台灯

书桌上有一盏台灯，这是美式风格的标志性装饰品，所以，我们可以在台灯中添加灯光。

step 1 在书桌上的台灯中创建一盏【VRay灯光】的【球体】灯，如图6-35~图6-37所示。

图6-35

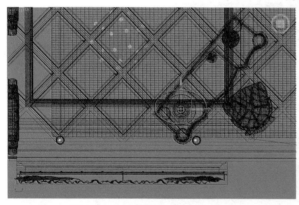

图6-36

图6-37

step 2 选择创建的【球体】光，设置【倍增器】为160、【颜色】为（红:255，绿:206，蓝:112）、【半径】为60mm，勾选【不可见】选项，取消勾选【影响高光反射】和【影响反射】选项，如图6-38所示。

图6-38

step 3 切换到摄影机视图，按快捷键Shift+Q渲染场景，效果如图6-39所示，此时，台灯处光亮了不少。

图6-39

TIPS

是否觉得曝光过度，不用担心，后面我们会进行处理。

6.4.5 创建灯带

虽然场景亮度适宜，甚至有点过亮。但是吊顶处的灯光元素还是太少，这么好的吊顶，没有灯光去修饰，就是浪费资源了。

step 1 在吊顶的灯槽中创建3盏【平面】光作为灯带，如图6-40和图6-41所示。

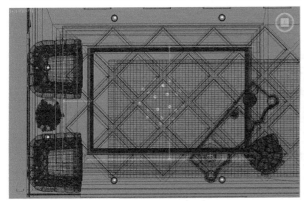

图6-40

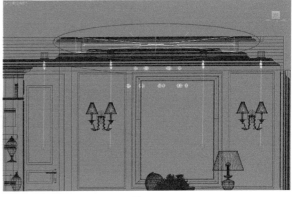

图6-41

step 2 选择【平面】灯光，对其进行参数设置，具体参数如图6-42所示。

step 3 切换到摄影机视图，按快捷键Shift+Q渲染场景，效果如图6-43所示，此时，吊灯处光亮了不少。

图6-42   图6-43

TIPS

对于【大小】，因为吊顶灯槽并非正方形，大家根据具体大小进行设置即可。

TIPS

此时，布光完成，整个场景看起来亮度有一点大，曝光也比较大，所以在后面可以通过【颜色贴图】来处理曝光，间接使亮度降低，达到夜晚效果。

6.5 材质模拟

（扫码观看视频）

灯光布置好了以后，可将灯光隐藏，防止在材质制作中移动了灯光的位置。对于场景中的材质，其实种类并不多，为了方便大家学习和识别，我将要制作的主要材质进行了说明，如图6-44所示。

图6-44

6.5.1 木纹地板材质

对于美式的地板材质，有以下特点。在制作的时候注意相关参数和贴图的选取。

- **颜色偏深，通常为棕色的木材。**
- **表面涂漆。**
- **有反射、高光和模糊反射效果。**

在【材质编辑器】中新建一个【VRay材质包裹器】材质球，防止地板因为光照颜色而发生色溢。具体参数设置如图6-45所示，材质球效果如图6-46所示，材质渲染效果如图6-47所示。

设置步骤

① 在【基本材质】中加载一个VRayMtl材质球，用于制作地板材质。

② 在【漫反射】贴图通道中加载一张"场景文件>美式书房>贴图>1115914008.jpg"位图，模拟木纹地板的表面纹理和颜色。

③ 在【反射】贴图通道中加载一张"衰减"程序图，设置【衰减类型】为Fresnel，模拟菲涅尔反射效果；设置【高光光泽度】为0.86、【反射光泽度】为0.92、【细分】为12，模拟高光和模糊成像效果。

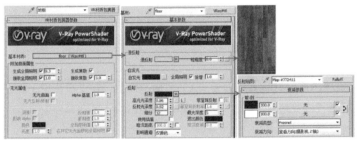

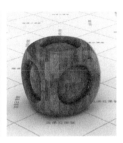

图6-45　　　　　　　　　　　　　　　图6-46　　　　　　图6-47

> **TIPS**
>
> 在本场景中，墙壁和书桌也用到了木纹，其制作方法与木纹地板类似，同样是使用【VRay材质包裹器】来处理色溢，对于【基本材质】的木纹制作参数如图6-48所示，材质球效果如图6-49所示，渲染效果如图6-50所示。

图6-48　　　　　　　　　　　　图6-49　　　　　　图6-50

6.5.2 皮材质

在前面的场景中已经介绍过皮材质的制作原理和方法，在此，将不再讨论皮材质的特点。在选择皮质颜色的时候，应尽量与美式风格有搭配，比如这里选择的黄棕色。

在【材质编辑器】中新建一个VRayMtl材质球，具体参数设置如图6-51所示，材质球效果如图6-52所示，材质渲染效果如图6-53所示。

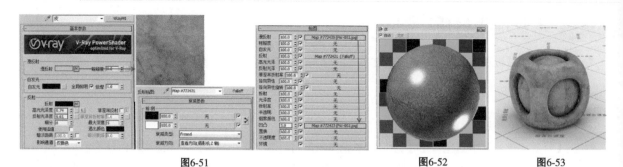

图6-51　　　　　　　　　　　　　　　　　　图6-52　　　　　　　图6-53

TIPS

对于场景中门口处的沙发的皮材质，制作方法与上述内容完全一致。

6.5.3　印花窗帘材质

印花窗帘是本场景重点材质，它与普通布料在制作方法上不同，因为它拥有两种材质：窗帘布材质和印花材质。请注意以下特点。

- **窗帘本身是花纹布料材质。**
- **印花是另一种金属箔材质，有高光、反射、模糊反射效果。**

step 1　在【材质编辑器】中新建一个【混合】材质球，如图6-54所示。

step 2　在【材质1】中加载一个【标准】材质球，设置材质类型为【（A）各向异性】，在【漫反射】贴图通道中加载一张花纹贴图，模拟花纹布料；设置【高光级别】为58、【光泽度】为15、【各向异性】为50、【方向】为0，如图6-55所示，模拟布料的反光效果。

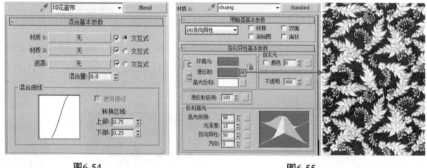

图6-54　　　　　　　　　　　　　　　　　　图6-55

step 3　在【材质2】中加载一个VRayMtl材质，设置【漫反射】颜色为（红:119，绿:116，蓝:107）、【反射】颜色为（红:45，绿:45，蓝:45）、【高光光泽度】为0.85、【反射光泽度】为0.87，模拟金属的反射效果；打开【贴图】卷展栏，在【凹凸】通道中加载一张粗糙的通道图，模拟金属箔的凹凸质感，如图6-56所示。

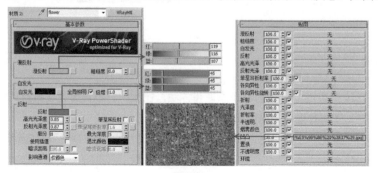

图6-56

step 4 选择【交互式】选项，在【遮罩】通道中加载一张花纹贴图，用于控制混合，黑色表示用【材质1】，白色表示用【材质2】，如图6-57所示，材质球效果如图6-58所示，渲染效果如图6-59所示。

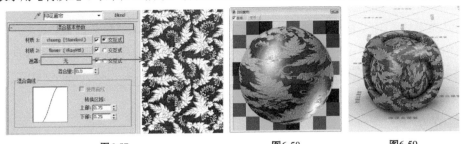

图6-57 图6-58 图6-59

TIPS

在场景中，有两种窗帘，另外一种是白色的，制作方法比较简单，请参考【材质1】的制作方法。

6.5.4 水晶灯材质

水晶灯是美式风格的代表灯具，而水晶材质与玻璃材质的制作原理是类似的，区别在于折射率和折射效果。

在【材质编辑器】中新建一个VRayMtl材质球，具体参数设置如图6-60所示，材质球效果如图6-61所示，材质渲染效果如图6-62所示。

设置步骤

① 在【漫反射】通道中加载一张"衰减"，设置【前】通道颜色为（红:71，绿:79，蓝:92）、【侧】通道颜色为（红:79，绿:99，蓝:11），设置【衰减类型】为【垂直/平行】，模拟渐变颜色的效果。

② 在【漫反射】贴图通道中加载一张"衰减"程序贴图，设置【前】通道颜色为（红:144，绿:151，蓝:177）、【侧】通道颜色为（红:139，绿:167，蓝:188），设置【衰减类型】为Fresnel，模拟水晶灯表面的菲涅尔反射效果；设置【高光光泽度】为0.9、【反射光泽度】为0.98，模拟水晶灯的高光性和反射效果。

③ 设置【折射颜色】为（红:124，绿:124，蓝:124），模拟水晶灯的半透明效果。

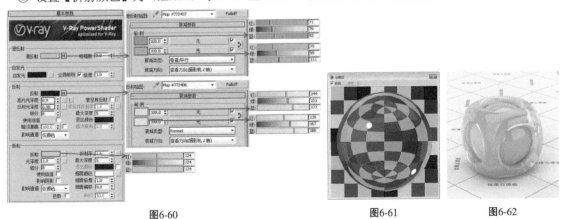

图6-60 图6-61 图6-62

TIPS

从参数设置来看，水晶灯的设置较为复杂。相信细心的朋友已经发现，它的设置原理与玻璃一模一样，区别只在于细节上的表现。

至此，本场景的重要材质已经介绍完成，关于地毯、天花板和金属等材质，在前面的效果表现中都进行了详细介绍，大家可以参考前面的制作原理来进行制作，也可以使用完成文件来查看具体参数。还是那句话，材质参数不能死记硬背，要明白各种材质的属性，然后根据相关参数来进行模拟。

6.6 最终渲染

当材质和灯光都处理好了以后，就将进入3ds Max的最后一步——渲染最终效果图。这里再提一下，对于最终效果图的渲染参数，本书都是给的一个参考参数，大家在学习的时候，可以适当降低相关质量，提高渲染速度；当然，在商业效果图中，速度和质量一直是大家关注的问题，我建议选择一个折中的参数来进行渲染。

6.6.1 曝光处理

在灯光布置的时候，考虑到材质的反射和折射会对曝光有影响，所以未进行曝光处理，现在，材质已经指定好了，那么，就可以进行曝光处理了。

step 1 按F10键打开【渲染设置】对话框，切换到【VRay】选项卡，打开【颜色贴图】卷展栏，设置【类型】为【莱因哈德】，勾选【子像素贴图】和【钳制输出】，设置【钳制级别】为0.98；设置【倍增】为1.8、【加深值】为0.9、【伽玛值】为0.9，如图6-63所示。

图6-63

step 2 切换到摄影机视图，按快捷键Shift+Q渲染场景，效果如图6-64所示。

图6-64

TIPS

从图片亮度来看，此时夜景效果已经表现得很好了，对于不是特别亮的地方可以通过后期来处理。

6.6.2 设置灯光细分

关于灯光细分的设置方法在前面已经设置过很多次了，这里不再具体介绍，建议设置为8的倍数。

6.6.3 设置渲染参数

step 1 按F10键打开【渲染设置】对话框，设置【宽度】为4000，【高度】会自动更新为4440，如图6-65所示。

step 2 切换到【VRay】选项卡，打开【全局开关】卷展栏，设置【二次光线偏移】为0.001，防止重面，如图6-66所示。

step 3 打开【图像采样器（反锯齿）】卷展栏，设置【类型】为【自适应确定性蒙特卡洛】，选择VRaySincFilter，在【自适应DMC图像采样器】中设置【最大细分】为12，如图6-67所示。

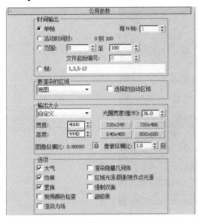

图6-65　　　　　　　　　　　图6-66　　　　　　　　　　　图6-67

step 4 切换到【间接照明】选项卡，打开【发光图】卷展栏，设置【当前预置】为【中】、【半球细分】为60，如图6-68所示。

step 5 打开【灯光缓存】卷展栏，设置【细分】为1500，勾选【显示计算相位】，勾选【预滤器】，设置【预滤器】为20，如图6-69所示。

step 6 切换到【设置】选项卡，设置【适应数量】为0.76、【噪波阈值】为0.006、【最小采样值】为20，如图6-70所示。

图6-68　　　　　　　　　　　图6-69　　　　　　　　　　　图6-70

TIPS

为了更好地表现美式风格，灯光、材质、模型都制作得非常精细，所以渲染的时候会非常慢。在视频教学中，我使用了"光子渲染"的方法，有兴趣的朋友可以通过视频教学来学习这种方法。

6.6.4 保存渲染图像

渲染参数设置好后，下面我们开始渲染最终图像，这个过程很久，大家可以选择做点其他事情。

step 1 切换到摄影机视图，按快捷键Shift+Q渲染场景，如图6-71所示。

图6-71

step 2 单击【渲染帧窗口】上的【保存图像】按钮，将其保存为TIF图像文件，如图6-72所示。

step 3 系统会弹出【TIF图像控制】对话框，设置【图像类型】为16位彩色、【压缩类型】为【无压缩】，如图6-73所示。

图6-72

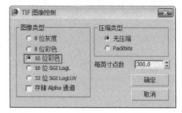

图6-73

6.7 后期处理

step 1 在Photoshop CS6中打开前面保存的"渲染效果图.tif"文件，如图6-74所示。

（扫码观看视频）

step 2　在图层面板中，在【背景】图层上单击鼠标右键，然后选择【复制图层】，复制一个背景图层，如图6-75所示。

图6-74　　　　　　　　　　　　　　　　　　　　图6-75

step 3　单击【创建新的填充或调整图层】按钮，选择【曝光度】，如图6-76所示，打开【曝光度】的【属性】面板，设置【曝光度】为0.3、【灰度系数校正】为0.85，如图6-77所示，处理后的效果如图6-78所示。此时，灯光的曝光更加强烈，画面也不那么灰了。

图6-76　　　　　　　　　　图6-77　　　　　　　　　　图6-78

step 4 单击【创建新的填充或调整图层】按钮 ，选择【色阶】，如图6-79所示，打开【色阶】面板，调整色阶参数，增加画面的层次感，如图6-80所示，调整后的效果如图6-81所示。

step 5 单击【创建新的填充或调整图层】按钮 ，选择【曲线】，如图6-82所示，打开【曲线】面板，然后调整曲线的形态，如图6-83所示，调整后的效果如图6-84所示，此时，画面亮度增加了。

图6-79

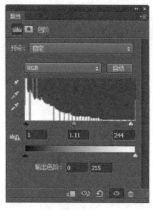

图6-80

图6-81

图6-82

图6-83

图6-84

step 6 按快捷键Ctrl+Shift+Alt+E，盖印图层，将当前的效果合并盖印到一个图层上去，便于后续操作，如图6-85所示。

step 7 执行【滤镜】>【模糊】>【场景模糊】菜单命令，打开【模糊工具】对话框，设置【模糊】为5，如图6-86所示，单击【确定】按钮后的效果如图6-87所示。

图6-85　　　　　　　　　　图6-86　　　　　　　　　　　　　图6-87

TIPS

　　使用【模糊】可以去除场景中的噪点，需要注意的是，过大的【模糊】值会使场景不清晰，所以对于参数的把控一定要严格。

　　另外，因为篇幅问题，所以这里使用了最简单直接的【场景模糊】，如果大家时间充足，可以考虑在Photoshop中100%显示图像，然后选择有噪点的地方，将它们选择出来，使用选区进行模糊处理。这个操作，在视频教学中有演示，大家可以看一下。

step 8　因为进行了模糊处理，所以可以考虑使用【锐化】来使图像清晰一点，但应控制好参数，以免弄巧成拙。执行【滤镜】>【锐化】>【USM锐化】，打开【USM锐化】对话框，设置相关参数，如图6-88所示，使图像看起来更加清晰，如图6-89所示。

图6-88　　　　　　　　　　　　　图6-89

TIPS

　　锐化可以使图像清晰，但是不要过分锐化，强烈的锐化可以使图像更加生硬。所以，在此，这个参数值，大家可以参考一下。

step 9 单击【创建新的填充或调整图层】按钮 ，选择【照片滤镜】，在【照片滤镜】属性面板中，设置【滤镜】为【加温滤镜（85）】，设置【浓度】为45%，为图像添加适当的暖色，烘托出美式风格温馨的氛围，如图6-90所示。此时，简单的后期处理基本完成，效果如图6-91所示。

图6-90   图6-91

第 7 章

家装——中式风格厨房柔光表现

类别	链接位置	资源名称
初始文件	场景文件	中式厨房.max
成品文件	完成文件>中式厨房	中式厨房.max，中式厨房.psd
视频文件	教学视频>中式厨房	构图.mp4，材质.mp4，灯光.mp4，渲染.mp4，后期.mp4

学习目标

- 了解中式风格的特点
- 了解厨房空间的功能属性
- 掌握厨房空间的布光特点

- 掌握VRay网格灯光的使用方法
- 掌握红木、竹编、人工石等中式风格的材质

- 掌握后期处理的方法

7.1 项目介绍

　　本场景是厨房空间，从装修实用性来讲，厨房空间的最佳选择是现代风格，因为现代风格最能体现实用性。所以，本章的中式风格比较偏现代化，在选材上，以中式风格为基调，比如红木材料，竹编、方格装饰和雕纹等。至于中式风格的"高山流水"的意境，对于厨房空间来说是不必要的，所以在本场景中，将不会使用水墨画等中国风的元素。图7-1所示是中式风格厨房的表现效果，整个场景的柜子、吊篮、竹编都是中国元素，另外本场景的格局和设计都偏向于现代风格，实用性也比较强，从严格意义上来说，整个场景在功能上是现代风格，在意境上是中式风格，所以称之为现代中式风格也不为过。

图7-1

7.2 设置LWF模式

　　启动3ds Max 2014，执行【自定义】>【首选项】菜单命令，打开【首选项设置】对话框，切换到【Gamma和LUT】选项卡，勾选【启用Gamma和LUT校正】，设置【Gamma】为2.2，勾选【影响颜色选择区】和【影响材质选择器】，单击【确定】按钮，如图7-2所示。

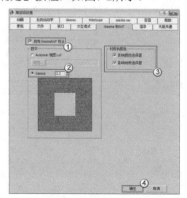

图7-2

7.3 场景构图

打开资源文件中的"场景文件>中式厨房.max"文件，如图7-3所示，这是一个半封闭空间，下面将使用摄影机对场景进行取景。

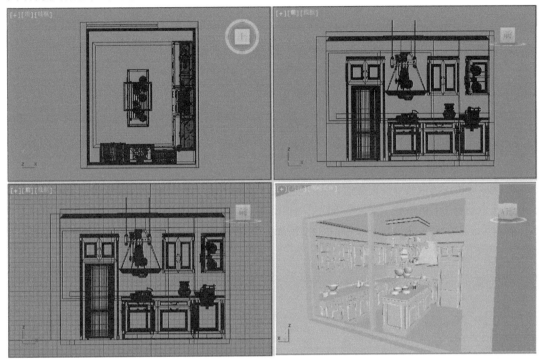

图7-3

7.3.1 设置画面比例

先不考虑厨房的风格，从厨房的空间来说，厨房是比较小的空间，但是厨房内的对象却非常多，所以在效果图表现时，会尽可能表现出厨房中的对象，毫无疑问，我们选择横构图来表现厨房空间。

step 1　按F10键打开【渲染设置】对话框，设置【宽度】为600、【高度】为375，锁定【图像纵横比】为1.6，如图7-4所示。

step 2　选择透视图，按快捷键Shift+F激活【安全框】，如图7-5所示。

图7-4

图7-5

7.3.2 创建目标摄影机

step 1　切换到顶视图，在视图中拖曳光标创建一台摄影机，如图7-6所示。

step 2　按C键切换到摄影机视图，此时无法拍摄室内环境，如图7-7所示。这是因为摄影机有一部分没入了墙体。

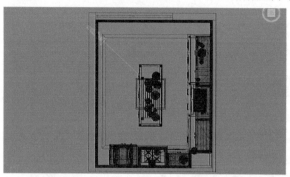

图7-6

图7-7

step 3　选择摄影机，切换到修改面板，调整【视野】和【镜头】大小，根据顶视图的拍摄范围确定取值，同时，设置【手动剪切】的参数，来控制摄影机的拍摄范围，如图7-8所示，此时的参数如图7-9所示。

step 4　再次按C键切换到摄影机视图，此时的拍摄效果如图7-10所示，摄影机已经可以拍摄到室内了。

图7-8　　　　　　　　　　　图7-9　　　　　　　　　　　　　图7-10

💡 TIPS

关于具体怎么处理【手动剪切】和广角镜头，可以参考"第4章　家装——田园风格客厅效果表现"中的内容。

step 5　切换到左视图，调整摄影机和目标点的高度，如图7-11所示。

step 6　按C键切换到摄影机视图，此时的构图效果如图7-12所示。

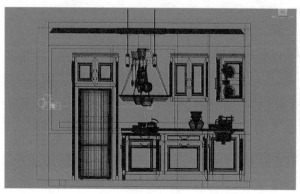

图7-11

图7-12

摄影机的坐标如图7-13所示，目标点的坐标如图7-14所示。

X: -3927.619n Y: 989.846mm Z: 1271.502m

图7-13

X: -101.344m Y: -654.794m Z: 1271.502m

图7-14

7.3.3 模型检查

同样，使用一个test材质来进行覆盖处理，通过测试参数来对场景模型进行检查。

step 1 按M键打开【材质编辑器】，选择一个空白材质球，设置为VRayMtl材质，将其命名为test，设置【漫反射】颜色为（红:220，绿:220，蓝:220），如图7-15所示。

step 2 按F10键打开【渲染设置】对话框，在【公用参数】中设置【长度】为800，【宽度】会自动刷新为500，如图7-16所示。

step 3 切换到【VRay】选项卡，打开【全局设置】卷展栏，勾选【覆盖材质】，将【材质编辑器】中的test材质拖曳到【覆盖材质】的通道中，并选择【实例】，单击【确定】按钮，如图7-17所示。

图7-15

图7-16

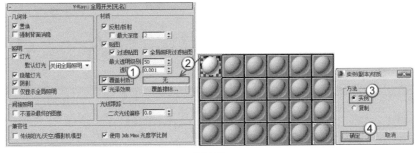

图7-17

细心的朋友应该可以发现，【材质编辑器】中的材质窗口的亮度大了，这是因为LWF模式下，勾选了【影响材质选择器】造成的。

step 4 打开【图像采样器（反锯齿）】卷展栏，设置【类型】为【自定义确定性蒙特卡洛】，选择【区域】，如图7-18所示。

step 5 切换到【间接照明】选项卡，打开【间接照明（GI）】卷展栏，勾选【开】，设置【首次反弹】和【二次反弹】的【全局照明引擎】分别为【发光图】和【灯光缓存】，如图7-19所示。

图7-18   图7-19

step 6 打开【发光图】卷展栏，设置【当前预置】为【非常低】、【半球细分】为20，如图7-20所示。

step 7 打开【灯光缓存】卷展栏，设置【细分】为200，勾选【显示计算相位】，如图7-21所示。

图7-20   图7-21

step 8 在创建摄影机构图的时候，想必大家已经发现这是一个半封闭空间。所以，建议使用天光来进行测试。使用【VRay灯光】在窗口处创建一盏【平面】灯光，灯光位置如图7-22所示。

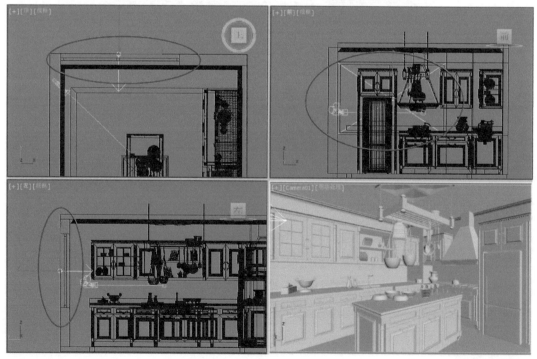

图7-22

step 9 选择上一步创建的灯光，调整【大小】与窗口大小吻合，勾选【天光入口】和【简单】选项，以平面光作为天光，取消勾选【影响高光反射】和【影响反射】选项，如图7-23所示。

step 10 切换到摄影机视图，按快捷键Shift+Q渲染场景，如图7-24所示。此时，场景一片漆黑，是因为没有对环境进行设置。

图7-23　　　　　　　　　　　　　　　　　　　　图7-24

step 11 按8键打开【环境和效果】对话框，任意设置【背景】的【颜色】，如图7-25所示。

图7-25

🕐 TIPS

因为此处是测试，所以对参数没有明确的要求。

step 12 切换到摄影机视图，按快捷键Shfit+Q渲染场景，效果如图7-26所示。此时，场景被照亮，且模型没有任何问题。

图7-26

（扫码观看视频）

7.4 灯光布置

构图和模型检查都处理好了，下面开始对场景进行布光，通过厨房空间的布局，可以得出厨房的照明原理：室外环境光和室内天花灯光。

第1步：创建环境光。

第2步：创建天花灯光。

7.4.1 创建环境光

因为在模型检查的时候创建了天光入口，所以在这里，我们只需要根据中式风格和柔光效果来调整环境光颜色。

step 1 按8键打开【环境和效果】对话框，设置【颜色】为（红:255，绿:238，蓝:217），模拟天光颜色和强度，如图7-27所示。

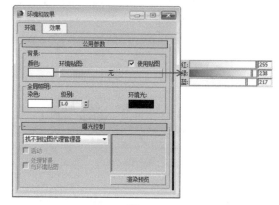

图7-27

step 2 切换到摄影机视图，按快捷键Shift+Q渲染场景，如图7-28所示。

图7-28

TIPS

对于中式风格来讲，灯光通常比较柔和，光线不会太强；对于厨房空间来讲，建议使用暖色调，因为厨房象征着温饱，这是一个温馨的地方，所以不建议使用冷色调。

7.4.2 创建天花灯

在场景中，我只讲将天花灯的灯罩作为网格灯来处理，这样可以简化操作。

step 1 选择场景中的天花灯灯罩模型，按快捷键Alt+Q独立显示，如图7-29所示。

step 2 使用【VRay灯光】在场景中任意位置创建一盏【平面】灯光，如图7-30所示。

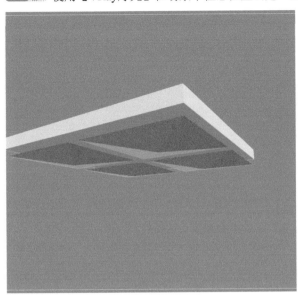

图7-29

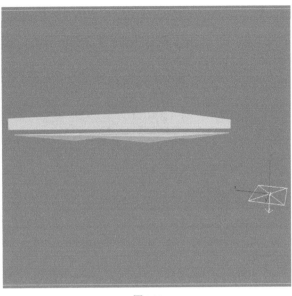

图7-30

step 3 选择上一步创建的灯光，设置【类型】为【网格】，设置【倍增器】为30、【颜色】为（红:255，绿:241，蓝:225），单击【拾取网格】按钮，选择视图中的灯罩模型，如图7-31所示。

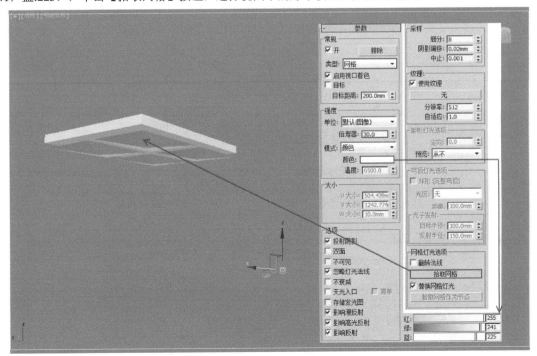

图7-31

step 4 切换到摄影机视图，按快捷键Shift+Q渲染场景，如图7-32所示。

图7-32

TIPS

　　天花灯的黑斑并不是模型造成的，而是渲染参数造成的，质量较高的渲染参数不会出现黑斑。

　　至此，厨房的灯光就完成了。厨房的功能性是主要的表现方向，所以，不建议在厨房中布置过多的灯光，以免使厨房华而不实。

7.5 材质模拟

（扫码观看视频）

　　灯光布置好了以后，可将灯光隐藏，防止在材质制作中移动了灯光的位置。对于场景中的材质，其实种类并不多，为了方便大家学习和识别，我将要制作的主要材质进行了说明，如图7-33所示。

图7-33

7.5.1 红木材质

中式风格的主要材料是红木，所以本场景中的主要对象，比如柜子、吊架和装饰结构，都采用了红木材料，本场景中的红木有以下特点。

- **红木有特有的纹理。**
- **红木表现涂漆，所以有反射强度。**
- **红木有高光反射、反射效果等，且满足菲涅尔反射。**
- **因为涂漆的影响，所以木纹的纹理凹凸感不强。**

在【材质编辑器】中新建一个VRayMtl材质球，具体参数设置如图7-34所示，材质球效果如图7-35所示，材质渲染效果如图7-36所示。

设置步骤

① 在【漫反射】贴图通道中加载一张"场景文件>中式厨房>贴图>mw（296）222211.jpg"木纹位图，模拟红木的纹理。

② 设置【反射】颜色为（红:193，绿:210，蓝:246），模拟涂漆层的反射强度；设置【高光光泽度】为0.83，模拟涂漆层的高光效果；设置【反射光泽度】为0.85，模拟木纹的非镜像反射效果；设置【细分】为20，使木纹的反射效果更加细腻。

③ 打开【贴图】卷展栏，将【漫反射】贴图通道中的贴图拖曳复制到【凹凸】通道中，模拟木纹的表面凹凸纹理；设置强度为5，使凹凸效果不强，但能看出纹理。

图7-34

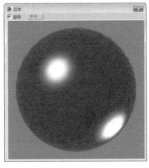 

图7-35　　　　　　　　图7-36

7.5.2 竹编材质

竹编是中式风格的重要组成元素，其实竹编材料与红木比较类似，都是有涂漆的。因为制作原理相同，所以不做解释。具体参数设置如图7-37所示，材质球效果如图7-38所示，材质渲染效果如图7-39所示。

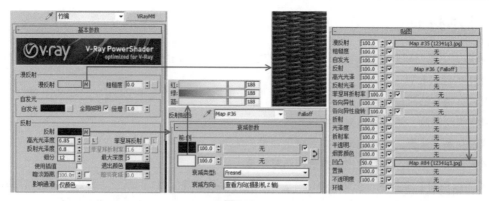

图7-37

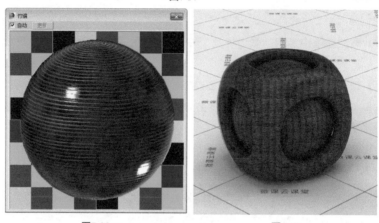

图7-38 图7-39

TIPS

为什么竹编要用【衰减】来模拟反射呢？

这是由竹编对象本身决定的，因为竹编是竹条编制的，所以其表面不是一个平面，菲涅耳反射效果应该更明显，这也是为什么这里直接使用【衰减】来模拟反射。

7.5.3 人工石材质

石材质通常用于厨房空间的台面制作，常见的有大理石和花岗岩，考虑到价格上的可接受性，可以使用人工石，但是在制作时，可以使用大理石的相关属性来模拟。

- **本次设计使用的是纯色的石材。**
- **与大理石类似，有反射能力，且符合菲涅耳反射。**
- **有高光性，有反射效果。**

在【材质编辑器】中新建一个VRayMtl材质球，具体参数设置如图7-40所示，材质球效果如图7-41所示，材质渲染效果如图7-42所示。

设置步骤

① 设置【漫反射】颜色为（红:245，绿:245，蓝:245），模拟石材的白色底色。

② 设置【反射】颜色为（红:210，绿:233，蓝:249），模拟反射强度和反射颜色；勾选【菲涅耳反射】选项，模拟石材表面的菲涅耳反射效果；设置【高光光泽度】为0.88、【反射光泽度】为0.95，石材的高光和反射效果；设置【细分】为20，使反射效果更加细腻。

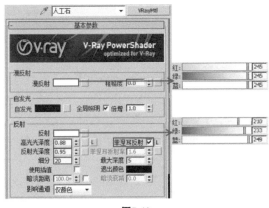

图7-40

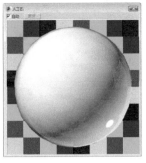

图7-41

图7-42

7.5.4 棕毛刷材质

棕毛刷子可以说是中国传统农家的清洁工具，对于棕毛，不建议大家使用【VRay毛皮】来处理，可以直接考虑使用贴图来模拟，然后根据棕毛的属性来设置参数即可。

- **棕毛刷是使用棕毛编织，且用麻绳固定，可以看作纹理图案。**
- **因为棕毛刷表面不平整，特别凹凸，所以高光区域比较大。**
- **棕毛刷的反射效果非常弱，几乎可以不考虑。**
- **因为编织，所以棕毛刷有明显的凹凸感。**

在【材质编辑器】中新建一个VRayMtl材质球，具体参数设置如图7-43所示，材质球效果如图7-44所示，材质渲染效果如图7-45所示。

设置步骤

① 在【漫反射】贴图通道中加载一张"场景文件>中式厨房>贴图>200672985718758.jpg"棕毛刷位图，并设置【模糊】为0.01，模拟棕毛刷的形态。

② 设置【反射】颜色为（红:12，绿:12，蓝:12），模拟棕毛较弱的反射；设置【高光光泽度】为0.28，模拟棕毛的强弱的高光强度和较大的高光范围。

③ 打开【选项】卷展栏，取消勾选【跟踪反射】，这样VRay在渲染时，就不会计算反射，但会保留高光属性，既保留了材质效果，又提高了渲染速度。

④ 打开【贴图】卷展栏，将【漫反射】贴图通道中的位图拖曳复制到【凹凸】通道中，并设置强度为50，模拟刷子因编织产生的凹凸感。

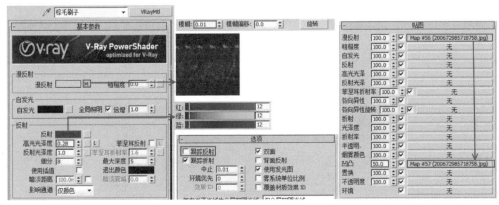

图7-43

181

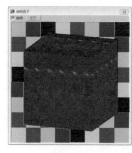

图7-44　　　　　　　　图7-45

7.5.5 墙砖材质

对于墙面材料，厨房与客厅、书房、卧室是有区别的，厨房的墙面不会用墙纸，而是使用瓷砖来包装，主要目的是考虑到防水和防污，这一点与卫浴间比较类似。对于中式风格的瓷砖，区别在于颜色和画案，主要特点如下。

- **瓷砖的属性与大理石类似，可以参考人工石材质。**
- **墙砖是砌上去的，所以有平铺和砌缝，这是重点。**

在【材质编辑器】中新建一个VRayMtl材质球，具体参数设置如图7-46所示，材质球效果如图7-47所示，材质渲染效果如图7-48所示。

设置步骤

① 在【漫反射】贴图通道中加载一张【平铺】程序贴图，用于模拟瓷砖的花纹和平铺效果。打开【标准控制】卷展栏，设置【预设类型】为【堆栈砌合】。

② 打开【高级控制】选项组，在【平铺设置】中，为【纹理】通道加载一张"场景文件>中式厨房>贴图>200710241543246402.副本.jpg"瓷砖位图，作为瓷砖的花纹，设置【水平数】和和【垂直】数为2，设置【淡出】变化为0.05，模拟平铺效果；在【砖缝设置】中，用同样的方法，为【纹理】通道加载一张"场景文件>中式厨房>贴图>200710241543246402..jpg"瓷砖位图，作为砖缝的花纹，设置【水平数】和【垂直数】为0.1，模拟平铺砖缝效果。

③ 打开【坐标】卷展栏，勾选【瓷砖】选项，设置【瓷砖】的U为2、V为2，设置【角度】的W为45，模拟瓷砖图案的方向和大小。

④ 设置【反射】颜色为（红:200，绿:200，蓝:200），设置【高光光泽度】为0.82、【反射光泽度】为0.85、【细分】为12，勾选【菲涅耳反射】选项，模拟瓷砖的反射效果。

⑤ 打开【贴图】卷展栏，将【漫反射】贴图通道中的位图拖曳复制到【凹凸】通道中，并设置强度为300，模拟墙面上瓷砖之间产生的缝隙。

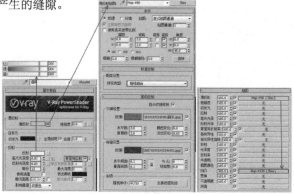

图7-46

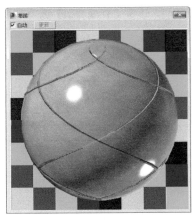

图7-47

图7-48

【平铺】材质的制作方法固然是一步到位，但是在设置的时候较为复杂。大家在制作的时候可以考虑制作材质，然后使用【UVW贴图】来进行平铺。

相信大家已经注意到墙面还有一条不同的瓷砖带，俗称"腰线"，关于腰线材料和瓷砖类似，只是花纹和反光不同，具体参数设置如图7-49所示。

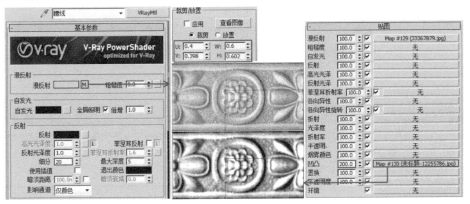

图7-49

7.5.6 陶瓷材质

陶瓷是餐饮具的重要材料之一。从生产工艺上来讲，陶和瓷是有区别的；但是在效果图中，其区别仅在于光滑和不光滑。例如，盘子是瓷器，表面光滑；紫砂壶是陶器，不光滑，有磨砂感。对于陶瓷的材质，有以下特点。

- **有纯色的，也有花纹的。**
- **有反射强度，不同材料，强弱差异大。**
- **部分陶瓷有花纹，有磨砂，所以有凹凸感。**

在【材质编辑器】中新建一个VRayMtl材质球，具体参数设置如图7-50所示，材质球效果如图7-51所示，材质渲染效果如图7-52所示。

设置步骤

① 设置【漫反射】颜色为（红:250，绿:250，蓝:250），模拟白色的陶瓷。

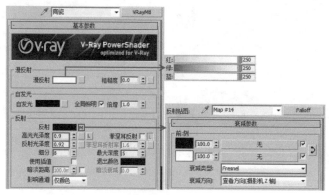

② 在【反射】的颜色通道中加载一张【衰减】程序贴图，设置【衰减类型】为Fresnel，模拟陶瓷的菲涅尔反射效果；设置【高光光泽度】为0.9、【反射光泽度】为0.92。

图7-50

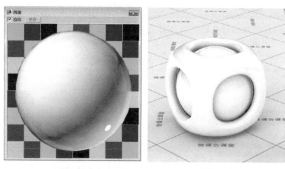

图7-51　　　　　　　　　　　图7-52

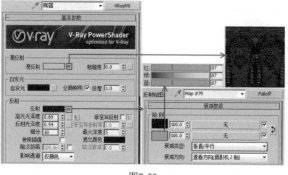

TIPS

上面较少的是瓷器餐具材质的制作方法，陶器通常用于制作罐子，有磨砂感或者花纹出现，具体参数设置如图7-53所示，材质球效果如图7-54所示，渲染效果如图7-55所示。

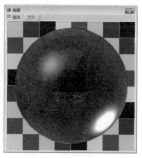

图7-53　　　　　　　　　　　图7-54　　　　　　图7-55

7.6 最终渲染

当材质和灯光都处理好了以后，就将进入3ds Max的最后一步——渲染最终效果图。在进行最终渲染参数设置之前，一定要记得取消勾选【覆盖材质】选项组。

（扫码观看视频）

7.6.1 曝光处理

在灯光布置的时候，考虑到材质的反射和折射会对曝光有影响，所以未进行曝光处理，现在，材质已经指定好了，那么，就可以进行曝光处理了。

step 1 按F10键打开【渲染设置】对话框，切换到【VRay】选项卡，打开【颜色贴图】卷展栏，设置【类型】为【莱因哈德】，勾选【子像素贴图】和【钳制输出】，设置【钳制级别】为0.98；设置【倍增】为1.5、【加深值】为1.1、【伽玛值】为0.9，如图7-56所示。

图7-56

step 2 切换到摄影机视图，按快捷键Shift+Q渲染场景，效果如图7-57所示。

图7-57

> **TIPS**
>
> 从图片亮度来看，此时夜景效果已经表现得很好了，至于噪点太多，是因为渲染质量造成的。

7.6.2 设置灯光细分

关于灯光细分的设置方法在前面已经设置过很多次了，这里不再具体介绍，因为场景内灯光比较少，所以两盏灯光都可以理解为大灯光，建议将细分设置得高一点，比如24。

7.6.3 设置渲染参数

step 1 按F10键打开【渲染设置】对话框，设置【宽度】为4000，【高度】会自动更新为2500，如图7-58所示。

step 2 切换到【VRay】选项卡，打开【全局开关】卷展栏，设置【二次光线偏移】为0.001，防止重面，如图7-59所示。

step 3 打开【图像采样器（反锯齿）】卷展栏，设置【类型】为【自适应细分】，选择Catmull-Rom，如图7-60所示。

图7-58　　　　　　　　　　　　图7-59　　　　　　　　　　　　图7-60

step 4 切换到【间接照明】选项卡，打开【发光图】卷展栏，设置【当前预置】为【中】、【半球细分】为60，如图7-61所示。

step 5 打开【灯光缓存】卷展栏，设置【细分】为1500，勾选【显示计算相位】，勾选【预滤器】，设置【预滤器】为20，如图7-62所示。

step 6 切换到【设置】选项卡，设置【适应数量】为0.76、【噪波阈值】为0.006、【最小采样值】为20，如图7-63所示。

图7-61　　　　　　　　　　　　图7-62　　　　　　　　　　　　图7-63

7.6.4 保存渲染图像

渲染参数设置好后，下面开始渲染最终图像，这个过程很久，大家可以选择做点其他事情。

step 1 切换到摄影机视图，按快捷键Shift+Q渲染场景，如图7-64所示。

图7-64

step 2　单击【渲染帧窗口】上的【保存图像】按钮，将其保存为OpenEXR图像文件，如图7-65所示。

step 3　系统会弹出【OpenEXR配置】对话框，设置【格式】为【全浮点数（32位/每通道）】、【类型】为RGBA、【压缩】为无压缩，如图7-66所示。

图7-65　　　　　　　　　　　　　　　　图7-66

7.7 后期处理

step 1　在Photoshop CS6中打开前面保存的"渲染效果图.exr"文件，如图7-67所示。

（扫码观看视频）

图7-67

step 2 执行【图像】>【调整】>【曝光度】菜单命令，如图7-68所示，打开【曝光度】对话框，设置【曝光度】为0.85、【灰度系数校正】为0.85，如图7-69所示，处理后的效果如图7-70所示。

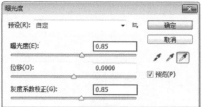

图7-68   图7-69

图7-70

TIPS

此时，图像看起来曝光充足，而且也不那么灰了。

step 3 执行【图像】>【调整】>【色阶】菜单命令，打开【色阶】对话框，调整色阶参数，增加画面的层次感，如图7-71所示，调整后的效果如图7-72所示。

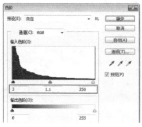

图7-71

图7-72

TIPS

此时，画面的明暗对比更强烈，黑白灰关系也更加直观。

step 4 执行【图像】>【模式】>【16位/通道】菜单命令，如图7-73所示，打开【HDR色调】对话框，设置【方法】为【曝光度和灰度系数】，如图7-74所示，将图像转换为16位图像，效果如图7-75所示。

图7-73

图7-74

图7-75

step 5 在图层面板中，在【背景】图层上单击鼠标右键，然后选择【复制图层】，复制一个背景图层，如图7-76所示。

step 6 单击【创建新的填充或调整图层】按钮 ⊘，选择【曲线】，如图7-77所示，打开【曲线】面板，然后调整曲线的形态，如图7-78所示，调整后的效果如图7-79所示，此时，画面亮度增加了。

  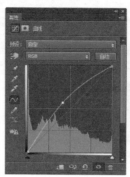 

图7-76 图7-77 图7-78 图7-79

step 7 按快捷键Ctrl+Shift+Alt+E，盖印图层，将当前的效果合并盖印到一个图层上去，便于后续操作，如图7-80所示。

step 8 单击【创建新的填充或调整图层】按钮 ⊘，选择【照片滤镜】，在【照片滤镜】属性面板中，设置【滤镜】为【加温滤镜（81）】，设置【浓度】为30%，为图像添加适当的暖色调，烘托出厨房的温馨感，如图7-81所示。此时，简单的后期处理基本完成，效果如图7-82所示。

图7-80 图7-81 图7-82

家装——北欧风格卧室日光表现

类别	链接位置	资源名称
初始文件	场景文件	北欧卧室.max
成品文件	完成文件>北欧卧室	北欧卧室.max，北欧卧室.psd
视频文件	教学视频>北欧卧室	构图.mp4，材质.mp4，灯光.mp4，渲染.mp4，后期.mp4

学习目标

- 了解北欧风格的特点
- 掌握卧室环境的空间知识
- 掌握半封闭空间的布光方式
- 掌握北欧风格的布光特点
- 掌握【VRay太阳】【VRay天空】的使用方法
- 掌握布料、白漆、铁等材质的制作方法

8.1 项目介绍

本场景是卧室空间，卧室是家装环境的重点表现对象，卧室空间通常都是半封闭空间，所以在对卧室进行表现的时候，或多或少会使用到环境光。当然，相信大家也听说过一句话——"卧室最好用夜景来表现"。这句话是不准确的，虽然说夜景的灯光丰富，更能体现卧室的细节，但是，现在家装环境考虑的最多的是居住效果，对于用户来说，家居环境最重要的是采光和亮度。本场景设计的是北欧风格，北欧风格是一种比较高冷的风格，最大的特点就是进光量大，整体色感为白色、黑色和蓝色等，另外，北欧风格在配饰上比较简单，室内家具不多且摆放杂乱。图8-1所示就是北欧风格的装修效果，最大的特点就是落地窗，这是北欧风格比较典型的一个设计点。

图8-1

8.2 设置LWF模式

启动3ds Max 2014，执行【自定义】>【首选项】菜单命令，打开【首选项设置】对话框，切换到【Gamma和LUT】选项卡，勾选【启用Gamma和LUT校正】，设置【Gamma】为2.2，勾选【影响颜色选择器】和【影响材质选择器】，单击【确定】按钮，如图8-2所示。

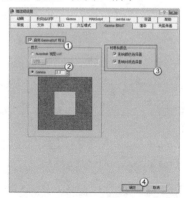

图8-2

8.3 场景构图

（扫码观看视频）

打开资源文件中的"场景文件>北欧卧室.max"文件，如图8-3所示，这是一个半封闭空间，下面将使用摄影机对场景进行取景。

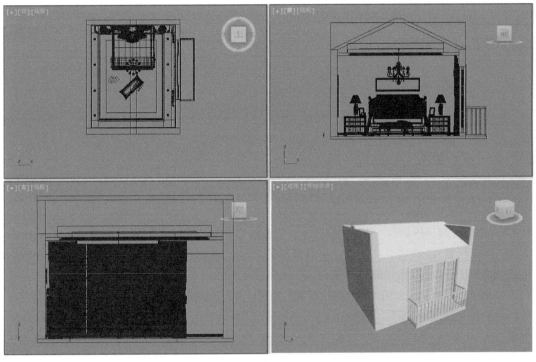

图8-3

8.3.1 设置画面比例

卧室空间的表现不在于空间大小，重点在于如何去展示卧室空间内的家具对象，所以还是建议使用横构图来表现。

step 1　按F10键打开【渲染设置】对话框，设置【宽度】为600、【高度】为360，锁定【图像纵横比】为1.66667，如图8-4所示。

step 2　选择透视图，按快捷键Shift+F激活【安全框】，如图8-5所示。

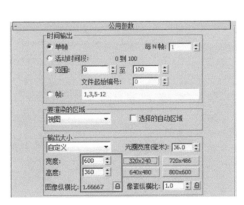

图8-4

图8-5

8.3.2 创建目标摄影机

step 1 切换到顶视图，在视图中拖曳光标创建一台目标摄影机，如图8-6所示。

step 2 从图8-6中可以看到摄影机没入了墙体，所以在摄影机视图中是无法正常拍摄到室内的，如图8-7所示。

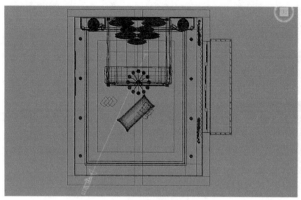

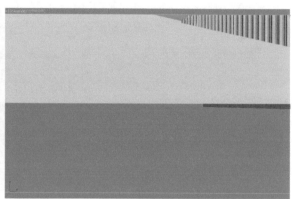

图8-6 图8-7

step 3 在顶视图中选择摄影机，切换到修改面板，通过调整【视野】和【镜头】的大小，来控制摄影机的拍摄角度，建议设置为75°左右；勾选【手动剪切】，根据顶视图的红线显示范围来调整摄影机的拍摄范围，如图8-8所示，摄影机参数如图8-9所示。

step 4 按C键切换到摄影机视图，此时的拍摄效果如图8-10所示，摄影机已经可以拍摄到室内了。

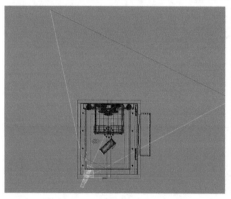

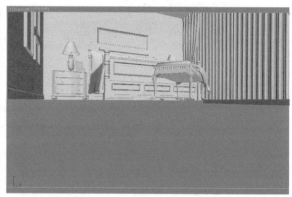

图8-8 图8-9 图8-10

step 5 切换到左视图，调整摄影机和目标点的高度，如图8-11所示。

step 6 按C键切换到摄影机视图，此时的构图效果如图8-12所示。

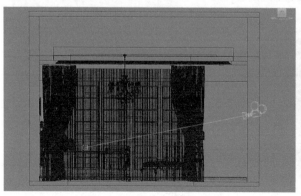

图8-11 图8-12

TIPS

摄影机的坐标如图8-13所示，目标点的坐标如图8-14所示。

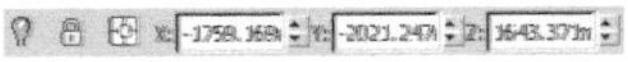

图8-13

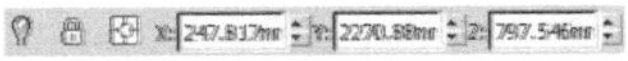

图8-14

step 7　此时的透视效果有点问题，所以应该为摄影机进行校正，选中摄影机，单击鼠标右键，在弹出的菜单中选择【应用摄影机校正修改器】选项，如图8-15所示。

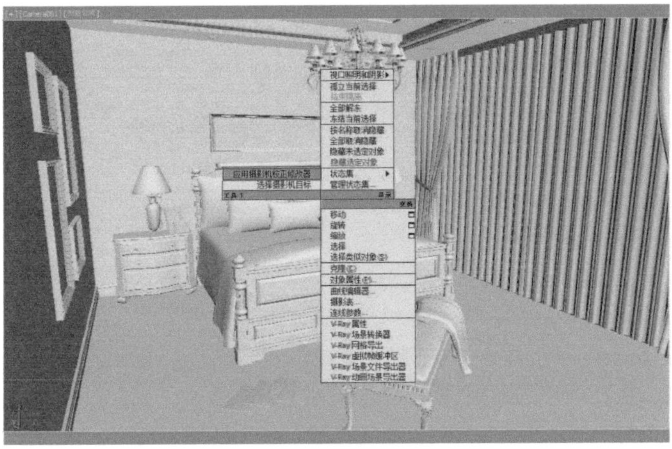

图8-15

step 8　调整【摄影机校正】修改器的参数，如图8-16所示，再次查看拍摄效果，如图8-17所示，此时的透视效果正确。

图8-16 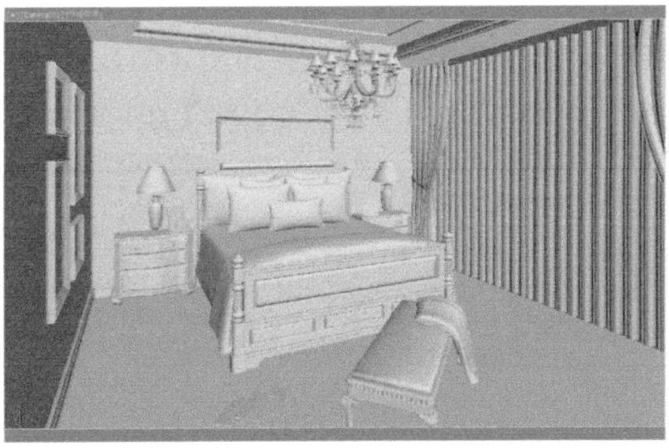　　　　　　　　　　　图8-17

8.3.3 模型检查

同样，使用一个test材质来进行覆盖处理，通过测试参数来对场景模型进行检查。

step 1　按M键打开【材质编辑器】，选择一个空白材质球，设置为VRayMtl材质，将其命名为test，设置【漫反射】颜色为（红:220，绿:220，蓝:220），如图8-18所示。

step 2　按F10键打开【渲染设置】对话框，在【公用参数】中设置【长度】为800，【宽度】会自动刷新为480，如图8-19所示。

step 3　切换到【VRay】选项卡，打开【全局设置】卷展栏，勾选【覆盖材质】，将【材质编辑器】中的test材质拖曳到【覆盖材质】的通道中，并选择【实例】，单击【确定】按钮，如图8-20所示。

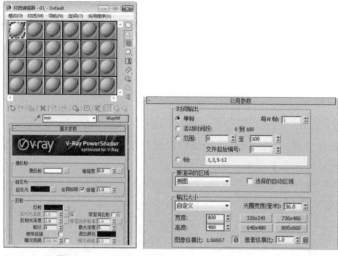

图8-18　　　　　　　　　　　　　　　　　图8-19

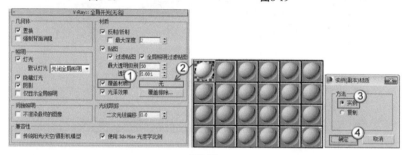

图8-20

step 4　打开【图像采样器（反锯齿）】卷展栏，设置【类型】为【自定义确定性蒙特卡洛】，选择【区域】，如图8-21所示。

step 5　切换到【间接照明】选项卡，打开【间接照明（GI）】卷展栏，勾选【开】，设置【首次反弹】和【二次反弹】的【全局照明引擎】分别为【发光图】和【灯光缓存】，如图8-22所示。

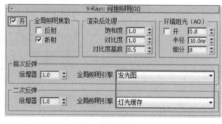

图8-21　　　　　　　　　　　　　　　　　图8-22

step 6　打开【发光图】卷展栏，设置【当前预置】为【非常低】、【半球细分】为20，如图8-23所示。

step 7　打开【灯光缓存】卷展栏，设置【细分】为200，勾选【显示计算相位】，如图8-24所示。

图8-23　　　　　　　　　　　　　　　　　图8-24

step 8 在创建摄影机构图的时候，想必大家已经发现这是一个半封闭空间。所以，建议使用天光来进行测试。选择场景中的窗帘、窗户和窗玻璃模型，将它们隐藏，如图8-25所示。

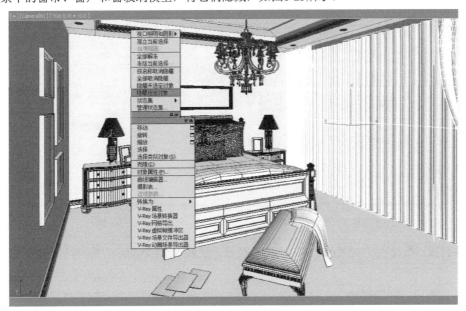

图8-25

step 9 使用【VRay灯光】在落地窗外面创建一盏【平面】灯光，如图8-26所示。

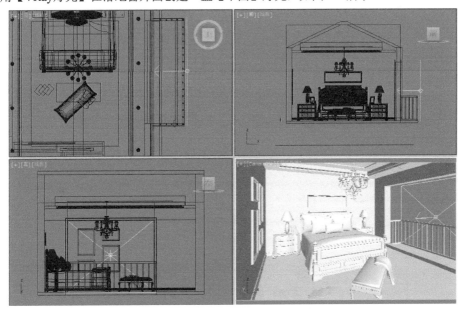

图8-26

step 10 选择上一步创建的灯光，调整【大小】与窗口大小吻合，勾选【天光入口】和【简单】选项，以平面光作为天光，如图8-27所示。

step 11 按8键打开【环境和效果】对话框，任意设置【背景】的【颜色】，如图8-28所示。

图8-27   图8-28

TIPS

因为此处是测试，所以对于参数没有明确的要求。

step 12 切换到摄影机视图，按快捷键Shfit+Q渲染场景，效果如图8-29所示。此时，场景被照亮，且模型没有任何问题。

图8-29

TIPS

确认模型无误后，删除【平面】光，且还原【环境和效果】中的参数，如图8-30所示。因为在后面我们会使用【VRay天空】来模拟天光。

图8-30

8.4 灯光布置

对于卧室空间的布光，室内灯光是不可缺少的。考虑到设计风格为北欧风格，所以日光应该是主光源，而室内灯光则作为修饰灯光处理。

第1步：创建太阳光。

第2步：创建环境天光。

第3步：创建室内修饰灯光。

8.4.1 创建窗纱材质

为什么这里要创建窗纱材质呢？因为窗纱对于阳光有阻挡作用，有窗纱和无窗纱，对于室内光照效果来说，不仅仅是亮度上的区别，还有曝光的区别，所以，我们应该先模拟窗纱材质。

step 1 在视图中单击鼠标右键，选择【按名称取消隐藏】，如图8-31所示。

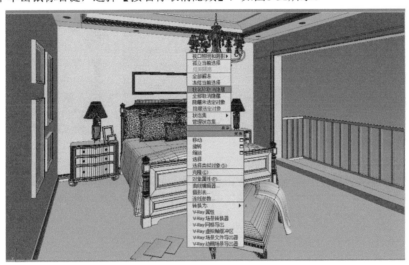

图8-31

step 2 系统会弹出【取消隐藏对象】对话框，按住Ctrl键不动，依次选择"窗纱1"和"窗纱2"，单击【取消隐藏】按钮，如图8-32所示，视图效果如图8-33所示。

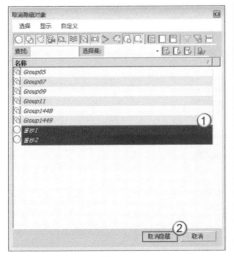

图8-32

图8-33

step 3 按M键打开【材质编辑器】，新建一个VRayMtl材质球，具体参数设置如图8-34所示，材质球效果如图8-35所示。

设置步骤

① 设置【漫反射】颜色为白色（红:220，绿:220，蓝:220），模拟窗纱的颜色。

② 在【折射】贴图通道中加载一张【衰减】程序贴图，然后打开【衰减】中的【混合曲线】卷展栏，调整曲线的形状，最后设置【折射率】为1.1。

③ 打开【选项】卷展栏，取消勾选【跟踪反射】选项。

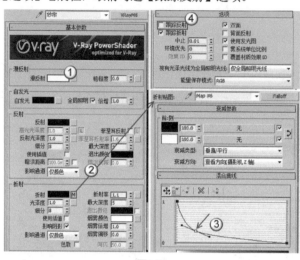
图8-34

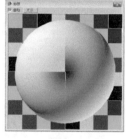
图8-35

🖱 **TIPS**

　　对于【混合曲线】的调整，可以单击【添加点】按钮 ⬚ 然后在曲线上插入顶点，接着单击鼠标右键，选择【Bezier-平滑】，最后使用【移动】工具⬚调整控制柄的位置即可，如图8-36所示。

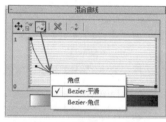
图8-36

---

step 4 将材质指定给窗纱模型。按F10键打开【渲染设置】对话框，打开【全局开关】卷展栏，单击【覆盖排除】按钮，如图8-37所示。

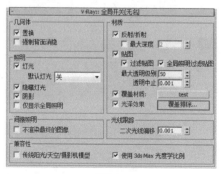
图8-37

step 5 系统会自动弹出【排除/包含】对话框，在【场景对象】中选中"窗纱1"和"窗纱2"，单击 >> 按钮将这两个对象移动到右边的区域，如图8-38所示。

step 6 选中【排除】和【二者兼有】，单击【确定】按钮，如图8-39所示。

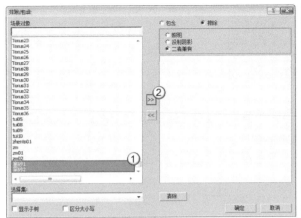

图8-38

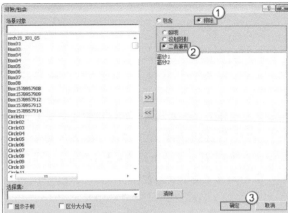

图8-39

> 🖰 TIPS
>
> 使用【覆盖排除】的目的是将窗纱对象排除在test材质覆盖之外，即覆盖场景的test材质不作用于窗纱对象，在渲染的时候，窗纱对象使用的是指定的窗纱材质，而不是test材质。
>
> 另外，从本次操作可以看出，对模型进行命名可以方便查找工作；当然，大家也可以在操作对象的时候，即时对其命名。

8.4.2 创建太阳光

step 1 使用"VRay太阳"在场景中创建一盏太阳光，灯光的位置如图8-40所示。

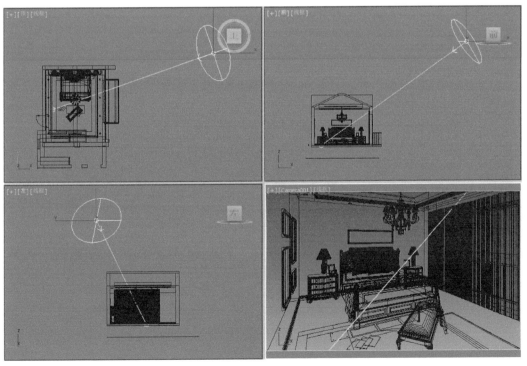

图8-40

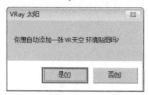

TIPS

在创建太阳光时，系统会弹出对话框，提示是否创建VRay天空环境贴图，选择【是】，如图8-41所示。

图8-41

step 2 选择上一步创建太阳光，设置【臭氧】为0.4，使阳光偏蓝；设置【强度倍增】为0.1、【大小倍增】为3，设置【过滤颜色】（红:221，绿:229，蓝:254），如图8-42所示。

step 3 按8键打开【环境和效果】对话框，此时系统已经自动在【环境贴图】中加载了一张【VRay天空】贴图，取消勾选【使用贴图】选项，如图8-43所示。

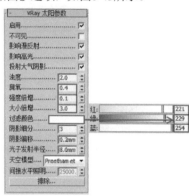

图8-42　　　　　　　　　　图8-43

TIPS

之所以要取消勾选【使用贴图】选项，是因为系统自动加载的【VRay天空】贴图会使场景带有天空环境，对场景进行照明。在此，为了不影响太阳光的照射效果和照射亮度，建议先关闭天光，待太阳强度确认后，再考虑打天光。

step 4 按C键切换到摄影机视图，按快捷键Shift+Q渲染场景，效果如图8-44所示。此时，阳光的角度和强度刚好。

图8-44

202

8.4.3 创建天光

创建了太阳光后，室内环境被照亮了不少，但是室外却是一片漆黑，所以接下来应该创建天光。因为在前面系统已经自动加载了【VRay天空】，所以直接调用即可。

step 1　按8键打开【环境和效果】对话框，勾选【使用贴图】选项，如图8-45所示。

step 2　按M键打开【材质编辑器】，将【环境贴图】中的【VRay天空】拖曳到空白材质球上，如图8-46所示。

图8-45

> **TIPS**
>
> 若在拖曳过程中，系统询问方式，请选择【实例】。

step 3　在【材质编辑器】中选择【VRay天空】，勾选【指定太阳节点】，单击【太阳光】后面的按钮，在视图中拾取【VRay太阳】，设置【太阳浊度】为4、【太阳臭氧】为0.4、【太阳强度倍增】为0.05、【太阳大小倍增】为1，设置【太阳过滤颜色】（红:221，绿:233，蓝:254），如图8-47所示。

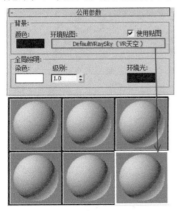

图8-46

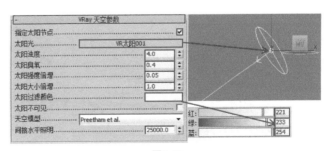

图8-47

> **TIPS**
>
> 在【VRay天空参数】面板中，虽然所有参数都带有"太阳"二字，但是这些参数都不对场景中的【VRay太阳】构成影响，影响的都是天空。

step 4　按C键切换到摄影机视图，按快捷键Shift+Q渲染场景，效果如图8-48所示。

图8-48

🔦 TIPS

此时室内亮度提升了一些，但是更为明显的是，窗外不再是一片漆黑，但室内亮度仍然略显不足，尤其是左侧，可以考虑在窗户处，使用【VRay灯光】模拟天光照射室内的效果。

step 5 使用【VRay灯光】在落地窗外创建一盏【平面】灯光，大小略大于落地窗即可，灯光位置如图8-49所示。

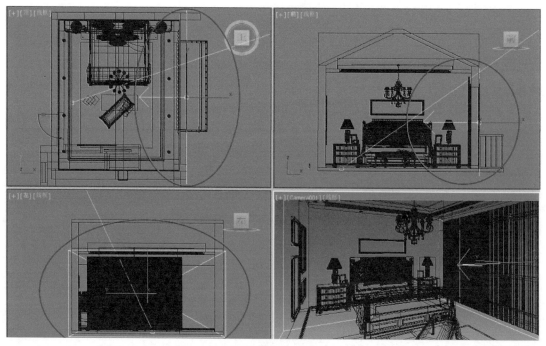

图8-49

step 6 选择上一步创建的【VRay灯光】，确认【类型】为平面，参考并设置【1/2长】为2986.946mm、【1/2宽】为1578.009mm，勾选【天光入口】和【简单】选项，如图8-50所示。

step 7 切换到摄影机视图，按快捷键Shift+Q渲染场景，效果如图8-51所示。此时，室内场景的亮度提高，左侧也被照亮。

图8-50　　　　　　　　　　　　　　　　　　　　　　　　　　图8-51

TIPS

勾选【天光入口】和【简单】后，【平面】光将直接使用【环境和贴图】的参数。

TIPS

因为印刷原因，图8-51和图8-48的亮度对比不是特别明显，大家可以在打光的时候进行区分。

8.4.4 创建灯带

从视图中可以看到，卧室的天花板是吊的边顶，有灯槽，所以，灯槽的灯带是应该设计的。与前面几个场景类似，这里同样使用【VRay灯光】的【平面】光来模拟灯槽的灯带效果。

step 1 在卧室中的边吊中的灯槽中创建4盏【VRay灯光】的【平面】光，方向为竖直向上，如图8-52所示。

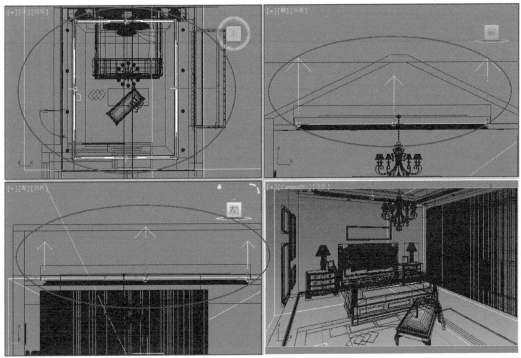

图8-52

step 2 选择上一步创建的较短的灯光，设置【倍增器】为5、【颜色】（红:198，绿:230，蓝:252），保持灯带大小与灯槽吻合，参考并设置【1/2长】为25mm、【1/2宽】为1624.249mm，勾选【不可见】选项，如图8-53所示。

图8-53

> **TIPS**
>
> 虽然灯槽中相邻两盏灯的长度不一样，但是灯光强度和颜色都是相同的，前面给出的是较短的灯光参数，对于较长的灯光参数，仅仅是【大小】不同，如图8-54所示。

图8-54

step 3 按C键切换到摄影机视图，按快捷键Shift+Q渲染场景，效果如图8-55所示。此时，灯带效果非常好！

图8-55

8.4.5 创建吊灯

吊灯是目前家装环境比较流行的一种灯具。吊灯的造型多种多样，且光照效果也比较漂亮，加上吊灯在清理工作上也比较方便，所以人们对吊灯也越来越青睐了。

step 1 使用【VRay灯光】在吊灯中创建1盏【球体】灯，并以【实例】的形式复制11盏到其他灯罩中，如图8-56所示。

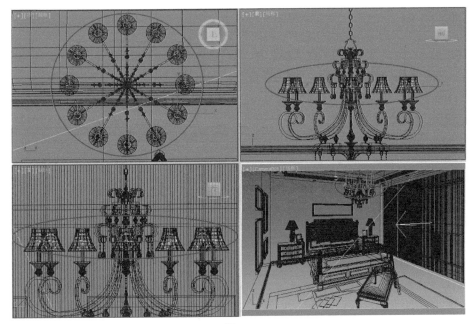

图8-56

step 2 选择其中一盏灯光，设置【类型】为【球体】、【倍增器】为100，设置【颜色】（红:199，绿:215，蓝:253），设置【半径】为30mm，取消勾选【不可见】选项，如图8-57所示。

step 3 切换到摄影机视图，按快捷键Shfit+Q渲染场景，效果如图8-58所示。此时，吊灯处的光照效果非常好！

图8-57

图8-58

8.4.6 创建筒灯

边吊与筒灯是一个经典组合，所以在本场景中，同样会在边吊下方设计筒灯。当然，因为本场景中的灯光已经够多了，在布置筒灯的时候，可以考虑数量适宜，不一定每一个筒灯下面都去打光。

step 1 使用【目标灯光】在场景中创建一盏灯光，并以【实例】的形式复制7盏，分别将其移动到灯筒下方，具体位置如图8-59所示。

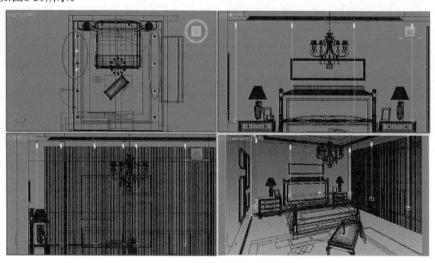

图8-59

TIPS

为了方便大家观察位置，在截图的时候，已经隐藏了部分对象和其他灯光。大家在打光的时候，为了准确地查找位置，也可以先隐藏对象，待灯光位置确认且灯光打好后，再对相关对象取消隐藏。

step 2 选择上一步创建的【目标灯光】，具体参数设置如图8-60所示。

设置步骤

① 打开【常规参数】卷展栏，设置【阴影】为【VRay阴影】，设置【灯光分布（类型）】为【光度学Web】。

② 打开【分布（光度学Web）】卷展栏，加载资源文件中的"场景文件>北欧卧室>贴图>经典筒灯.ies"文件。

③ 打开【强度/颜色/衰减】卷展栏，设置【过滤颜色】（红:209，绿:224，蓝:254）、【强度】为2200。

④ 打开【VRay阴影参数】卷展栏，选择【球体】，设置【U大小】、【V大小】、【W大小】均为10mm。

step 3 切换到摄影机视图，按快捷键Shift+Q渲染场景，效果如图8-61所示。

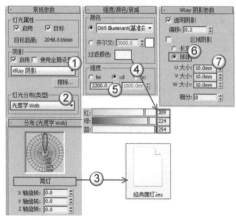

图8-60

图8-61

8.4.7 创建台灯

对于卧室空间来说,台灯是必备灯具。在本场景中,设计了两盏床头台灯。

step 1 使用【VRay灯光】在两盏台灯的灯罩中创建两个【球体】灯光,灯光的位置如图8-62所示。

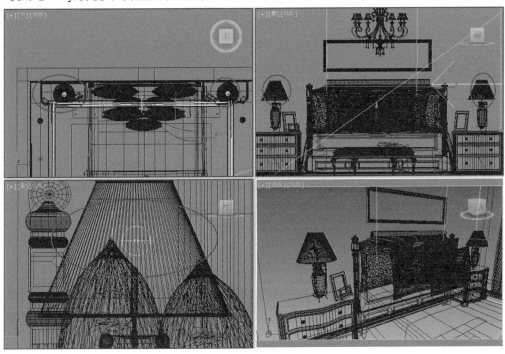

图8-62

step 2 选择上一步创建【球体】灯光,确认【类型】为【球体】,设置【倍增器】为200、【颜色】(红:255,绿:212,蓝:181),设置【半径】为30mm,勾选【不可见】选项,如图8-63所示。

step 3 按C键切换到摄影机视图,按快捷键Shift+Q渲染场景,效果如图8-64所示。

图8-63

图8-64

TIPS

此时，卧室场景的灯光就布置完成了，对于窗户处过分明亮的部分，不用处理，在指定了材质后，再根据实际情况，通过【颜色贴图】来控制曝光即可。

另外，在完成灯光布置后，请全部取消隐藏，不仅如此，还需要在【全局开关】中取消材质覆盖，如图8-65所示。

图8-65

8.5 材质模拟

(扫码观看视频)

灯光布置好了以后，将灯光隐藏，防止在材质制作中移动了灯光的位置。对于场景中的材质，其实种类并不多，为了方便大家学习和识别，我将要制作的主要材质进行了说明，如图8-66所示。

图8-66

8.5.1 木纹地板材质

在前面已经介绍过北欧风格突出的是冷色调，所以在本场景中，选用的木材是颜色较淡的实木材质，主要特点如下。

- **颜色较浅，长条形木纹。**
- **反射强度不是太强，且满足菲涅耳反射。**
- **木纹表面有高光，且非镜面反射。**
- **木纹地砖有凹凸感。**

在【材质编辑器】中新建一个VRayMtl材质球，具体参数设置如图8-67所示，材质球效果如图8-68所示，材质渲染效果如图8-69所示。

设置步骤

① 在【漫反射】贴图通道中加载一张"场景文件>北欧卧室>贴图>20131114_14f1b31ecbd4fb67443fHPcspxxotikO.jpg"木纹位图，模拟实木的纹理。

② 在【反射】贴图通道中加载一张【衰减】程序贴图，设置【侧】通道颜色（红:82，绿:82，蓝:82），模拟较弱的反射强度；设置【衰减类型】为Fresnel，模拟地板的菲涅耳反射效果；设置【高光光泽度】为0.8、【反射光泽度】为0.85、【细分】为15，模拟木纹地板的高光和反射效果。

③ 打开【贴图】卷展栏，将【漫反射】贴图通道中的贴图拖曳复制到【凹凸】通道中，模拟木纹的表面凹凸纹理；设置强度为20，模拟地砖与地砖之间的砌缝。

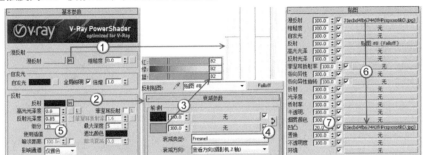

图8-67

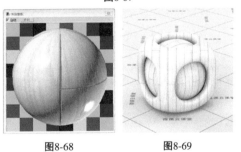

图8-68　　　　图8-69

8.5.2 壁纸材质

在前面的项目中，介绍过很多壁纸（墙纸）和乳胶漆的制作方法，它们都是比较细腻的模拟方法。在本场景中，使用了最为简单的材质，即使用一张贴图来模拟即可。

在【材质编辑器】中新建一个【标准】材质球，在【漫反射】贴图通道中加载一张"场景文件>北欧卧室>贴图>bizhi.jpg"条形壁纸贴图，用于模拟壁纸的花纹，如图8-70所示，材质球效果如图8-71所示，渲染效果如图8-72所示。

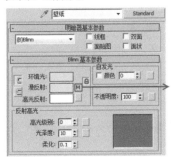

图8-70

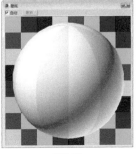

图8-71

图8-72

对，你没有看错，就是这么简单！

在室内效果图表现中，有重点表现对象和非重点表现对象。从距离远近来区分的话，通常离摄影机（观察点）较近的对象应该被重点表现，离摄影机较远的对象可以简单表现。在本场景中，正对摄影机的墙壁是距离最远的，而左侧的墙壁因为是侧视角度，也不好表现。所以，对于壁纸材质，可以简单地使用一张贴图来模拟其花纹即可。同理，若墙壁为乳胶漆材质，可以直接考虑使用乳白色来模拟即可。

8.5.3 白漆材质

在前面的场景中，已经介绍过白漆材质的原理和制作方法，本场景中的白漆材质在原理上与前面的都相同，在此就不详细介绍，具体参数设置如图8-73所示，材质球效果如图8-74所示，渲染效果如图8-75所示。

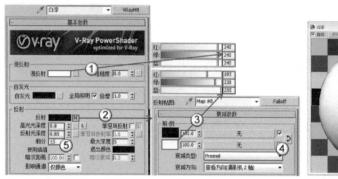
图8-73

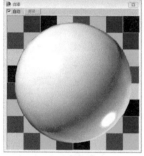
图8-74

图8-75

【衰减】中的【侧】通道的颜色是偏蓝的，这样设置的目的是让白漆的反射效果有蓝色效果，增加室内的冷色调，使北欧风更加明显。

另外，在本场景中，除了白漆材质，还有黑漆材质。比如壁画框，就是典型的黑漆材质。本场景的黑漆材质，相对于白漆材质，高光和反射都要强一些，具体参数设置如图8-76所示。

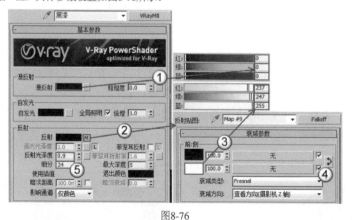
图8-76

8.5.4 铁材质

铁艺是北欧风格的一种重要装饰，对于卧室，铁艺装饰通常用于灯座、灯架和吊灯等灯具上。比如，在本场景中，吊灯的支架就是铁材质，主要特点如下。

- **铁通常是黑色，但不是纯黑。**
- **因为是金属，且对于装饰贴图都有烤漆涂层，所以有较弱的反射效果。**
- **与不锈钢、铜等金属不同，铁的高光性和反射效果都不是很好。**

在【材质编辑器】中新建一个VRayMtl材质球，具体参数设置如图8-77所示，材质球效果如图8-78所示，材质渲染效果如图8-79所示。

设置步骤

① 设置【漫反射】颜色为黑色（红:12，绿:12，蓝:12），模拟铁的颜色。

② 设置【反射】颜色（红:70，绿:70，蓝:70），模拟铁表面不是太强的反射强度；设置【高光光泽度】为0.65、【反射光泽度】为0.75、【细分】为15，模拟铁表面的高光和反射效果。

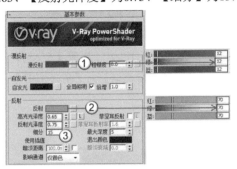 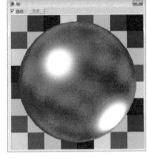 

图8-77　　　　　　　　　　　图8-78　　　　　　　　图8-79

8.5.5 灯罩材质

本场景中的灯罩是半透明的，即光线可以透过灯罩照射到外面，关于灯罩的主要特点，主要如下。

- **为了让空间中包含暖色调，灯罩的颜色选用了偏黄的暖色。**
- **灯罩的透视效果很弱。**

在【材质编辑器】中新建一个VRayMtl材质球，具体参数设置如图8-80所示，材质球效果如图8-81所示，材质渲染效果如图8-82所示。

设置步骤

① 设置【漫反射】颜色为淡黄色（红:214，绿:202，蓝:186），模拟灯罩的颜色。

② 设置【折射】颜色（红:9，绿:9，蓝:9），模拟较弱的透视效果，设置【折射率】为1.1，勾选【影响阴影】选项。

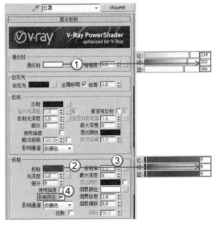 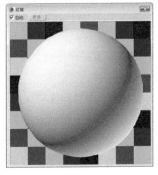 

图8-80　　　　　　　　　　　图8-81　　　　　　　　图8-82

8.5.6 布料材质

布料材质是卧室最常用的材质，在前面的项目演示中，相信大家已经明白布料模拟的重点是颜色的渐变感。在此，本场景使用的是【标准】材质制作，大家可以与VRayMtl材质对比一下。注意，北欧风格的布料的选色决定了风格的色调，所以对于北欧风格的布料制品，通常是黑色、白色、蓝色等风格特色。

在【材质编辑器】中新建一个【标准】材质球，具体参数设置如图8-83所示，材质球效果如图8-84所示，材质渲染效果如图8-85所示。

① 在【明暗器基本参数】中设置明暗器类型为【Oren-Nayar-Blinn】，这是无光效果的Blinn材质，专用于制作布料等材质。

② 打开【Oren-Nayar-Blinn基本参数】卷展栏，设置【漫反射】颜色为黑色，模拟黑布的颜色。

③ 下面开始模拟渐变效果。在【自发光】的通道中加载一张【遮罩】程序贴图，然后在【贴图】通道中加载一张【衰减】程序贴图，设置【侧】通道颜色（红:150，绿:150，蓝:150），设置【衰减类型】为Fresnel；将【遮罩】贴图中的【衰减】贴图复制到【遮罩】通道中，修改【衰减类型】为【阴影/灯光】。

④ 设置【粗糙度】为50、【光泽度】为10。

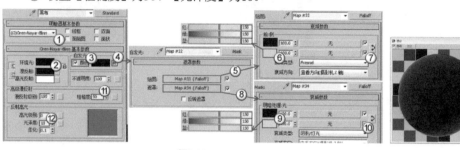

| 图8-83 | 图8-84 | 图8-85 |

> **TIPS**
>
> 相对于VRayMtl材质球来说，使用【标准】材质要做出逼真的布料效果，在设置步骤上确实要烦琐不少。
>
> 另外，本例的其他布料材质在制作方法上与上述材质相同，大家可以参考上述步骤来进行制作，也可以参考成品文件。同时，在教学视频中，对于各个步骤设置都有详细讲解。

8.6 最终渲染

（扫码观看视频）

当材质和灯光都处理好了以后，就将进入3ds Max的最后一步——渲染最终效果图。在进行最终渲染参数设置之前，一定要记得取消勾选【覆盖材质】选项组。

8.6.1 曝光处理

当材质都指定好了以后，我们就应该设置整个空间的灯光曝光效果了，与前面的项目类似，同样是使用【颜色贴图】来进行控制。

step 1 按F10键打开【渲染设置】对话框，切换到【VRay】选项卡，打开【颜色贴图】卷展栏，设置【类型】为【莱因哈德】，勾选【子像素贴图】和【钳制输出】，设置【钳制级别】为0.98；设置【倍增】为1.4、【加深值】为1.1、【伽玛值】为0.9，如图8-86所示。

step 2 切换到摄影机视图，按快捷键Shift+Q渲染场景，效果如图8-87所示。

图8-86

图8-87

💧 TIPS

图片的效果和亮度不错，图像中曝光过度的地方是制作的时候刻意为之，以得到的夸张效果，如果觉得不理想，可以降低【目标灯光】的亮度。

8.6.2 设置灯光细分

关于灯光细分的设置方法在前面已经设置过很多次了，这里不再具体介绍，因为场景中的灯光较多，所以大家在设置灯光的【细分】时，要考虑一下自身电脑配置。

8.6.3 设置渲染参数

step 1 按F10键打开【渲染设置】对话框，设置【宽度】为4000，【高度】会自动更新为2400，如图8-88所示。

step 2 切换到【VRay】选项卡，打开【全局开关】卷展栏，设置【二次光线偏移】为0.001，防止重面，如图8-89所示。

图8-88　　　　　　　　　　　　　　　　　　图8-89

step 3 打开【图像采样器（反锯齿）】卷展栏，设置【类型】为【自适应确定性蒙特卡洛】（自适应DMC），选择VRaySincFilter，打开【自适应DMC图像采样器】，设置【最大细分】为12，如图8-90所示。

step 4　切换到【间接照明】选项卡，打开【发光图】卷展栏，设置【当前预置】为【中】、【半球细分】为60、【插值采样】为30，打开【细节增强】，设置【半径】为100、【细分倍增】为1.2，如图8-91所示。

图8-90　　　　　　　　　　　　　　　　　图8-91

step 5　打开【灯光缓存】卷展栏，设置【细分】为1500，勾选【显示计算相位】，如图8-92所示。

step 6　切换到【设置】选项卡，设置【适应数量】为0.72、【噪波阈值】为0.006、【最小采样值】为20，如图8-93所示。

图8-92　　　　　　　　　　　　　　　　　图8-93

8.6.4　保存渲染图像

step 1　切换到摄影机视图，按快捷键Shift+Q渲染场景，如图8-94所示。

图8-94

step 2 单击【渲染帧窗口】上的【保存图像】按钮🖫，将其保存为TIF图像文件，如图8-95所示。

step 3 系统会弹出【TIF图像控制】对话框，选择【16位彩色】，如图8-96所示。

图8-95　　　　　　　　　　　　　　　　　　　图8-96

8.7 后期处理

（扫码观看视频）

step 1 在Photoshop CS6中打开前面保存的"家装——北欧风格卧室日光表现.tif"文件，如图8-97所示。

图8-97

step 2 在"背景"图层上单击鼠标右键，在弹出的菜单中选择【复制图层】，如图8-98所示，单击【确定】按钮后，系统会自动复制一个图层，如图8-99所示。

step 3 单击【创建新的填充或调整图层】按钮 ◐，选择【曝光度】，如图8-100所示。

图8-98

图8-99

图8-100

step 4 系统弹出【曝光度】的【属性】面板，因为LWF的图都会偏灰，所以调整【灰度系数校正】为0.95，使图像不那么灰，如图8-101所示，调整后的效果如图8-102所示。

图8-101

图8-102

step 5 为效果图添加【色阶】调整图层，用于调整图像的层次感，如图8-103所示，具体参数设置如图8-104所示，调整后的效果如图8-105所示。

图8-103

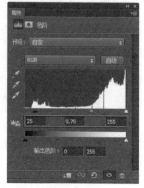
图8-104

图8-105

step 6　观察图8-105，图像的层次感已经很突出了，整个场景的空间感也很强烈，但是亮度不足。为效果图添加【曲线】调整图层，用于调整亮度，如图8-106所示，具体调整曲线如图8-107所示，调整后的效果如图8-108所示。

图8-106

图8-107

图8-108

step 7 ： 其实，到此为止，效果图的后期处理基本完成。但是，考虑到卧室空间，图8-108所示的效果太冷了，即便是北欧风格，太冷的色调不仅不会让人产生美感，还会使人产生排斥反应。为图像添加一个【照片滤镜】调整图层，如图8-109所示，在【属性】面板中选择【加温滤镜（81）】，设置【浓度】为17%，如图8-110所示，最终效果如图8-111所示。

图8-109　　　　　　　　　　　　　　图8-110

图8-111

TIPS

这里添加【照片滤镜】不是为了使图像有暖色调，而是为了烘托出卧室温馨的氛围，所以在设置【浓度】的时候一定要注意比例，不能让【照片滤镜】改变了北欧风格本身具有的高雅、清冷的特色。

第9章 工装——综合办公室强光表现

类别	链接位置	资源名称
初始文件	场景文件	综合办公室.max
成品文件	完成文件>综合办公室	综合办公室.max，综合办公室.psd
视频文件	教学视频>综合办公室	构图.mp4，材质.mp4，灯光.mp4，渲染.mp4，后期.mp4

学习目标

- 了解工装环境的特点
- 了解工装环境的材质特点
- 掌握工装环境的布光原理
- 掌握处理成片灯光的方法
- 掌握防水布、合成塑料、磨砂玻璃等材质的制作方法
- 掌握使用【VRay覆盖材质】防止色溢的方法
- 掌握严肃氛围的表现方法

9.1 项目介绍

  本场景是一个综合办公室，属于工装环境。与家装环境相比，工装环境的实用性更强，所以，对于综合办公室的表现，我们的侧重点是表现场景的刚性需求，即最大限度地满足办公环境。对于综合办公室来讲，主要目的是工作办公，所以室内对象都是椅子、办公桌、计算机、抽屉柜子之类的；对于灯光色调，不会出现有色灯光，通常都是选用纯白色高强度的灯光，这样的灯光不仅能使办公室光亮，还能显得场景清净干练，更加适合员工办公。图9-1所示就是本场景的设计效果，主要以白色调为主，书架、办公桌、计算机、公示板这些都是办公环境的元素，办公器材的摆放位置也是比较讲究的：办公桌与办公桌陈设在同一侧，与会议桌以过道隔开，区域的划分非常明确。总之，对于综合办公室的表现，我们注重的是办公需求，而不是欣赏风格。

图9-1

9.2 设置LWF模式

  启动3ds Max 2014，执行【自定义】>【首选项设置】菜单命令，打开【首选项设置】对话框，切换到【Gamma和LUT】选项卡，勾选【启用Gamma和LUT校正】，设置【Gamma】为2.2，勾选【影响颜色选择器】和【影响材质选择器】，单击【确定】按钮，如图9-2所示。

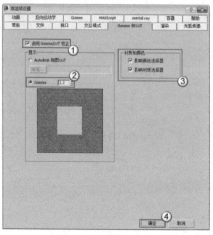

图9-2

9.3 场景构图

（扫码观看视频）

打开资源文件中的"场景文件>综合办公室.max"文件，如图9-3所示，这是一个半封闭的办公室环境。

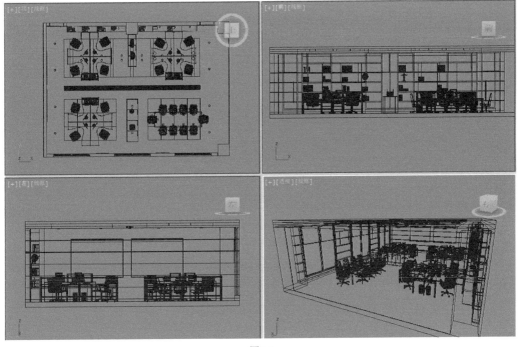

图9-3

9.3.1 设置画面比例

对于办公室环境，我们应该最大限度地表现其空间元素，这一点与客厅环境比较类似，所以，此处选择横构图来表现。

step 1　按F10键打开【渲染设置】对话框，设置【宽度】为500、【高度】为330，锁定【图像纵横比】为1.51515，如图9-4所示。

step 2　选择透视图，按快捷键Shift+F激活【安全框】，如图9-5所示。

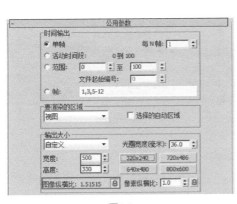

图9-4

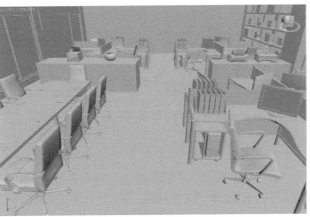

图9-5

9.3.2 创建目标摄影机

step 1 切换到顶视图，在视图中拖曳光标创建一台目标摄影机，如图9-6所示。

step 2 经过多次摄影机的创建，相信大家此时也能意识到摄影机是被墙体给阻挡了，摄影机是拍摄不到室内的，如图9-7所示。

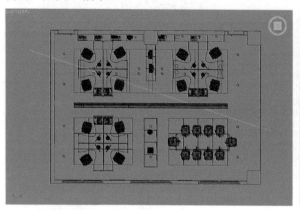

图9-6

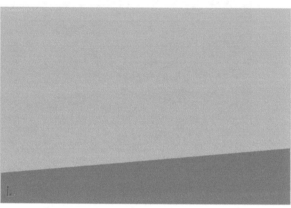

图9-7

TIPS

为了最大化地拍摄办公室的室内对象，在此，我们选择了对角拍摄的方式，当然，目标区域是选择公示板的区域，因为这是办公环境的标识。

step 3 在顶视图中选择摄影机，切换到修改面板，通过调整【视野】和【镜头】的大小，来控制摄影机的拍摄角度，建议设置为70~75°之间；勾选【手动剪切】选项，根据顶视图的红线显示范围来调整摄影机的拍摄范围，如图9-8所示，摄影机参数如图9-9所示。

step 4 按C键切换到摄影机视图，此时的拍摄效果如图9-10所示，摄影机已经可以拍摄到室内了。但是，从视图中可以明显地看到地平线，地平以下的是3ds Max的背景，所以，我们还需要调整摄影机的高度。

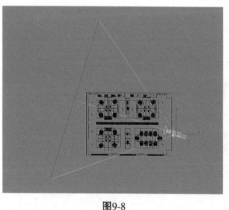

图9-8

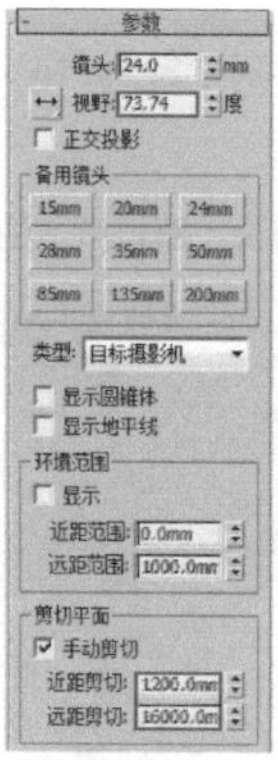

图9-9

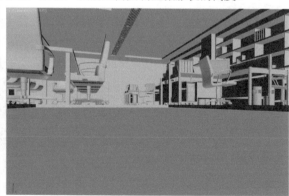

图9-10

step 5 切换到左视图，调整摄影机和目标点的高度如图9-11所示的。

step 6 按C键切换到摄影机视图，此时的构图效果如图9-12所示，可见拍摄角度已经是最大化拍摄视野了，几乎可以拍摄办公室的大部分对象，从视图中也可以明显地看出这是一个综合办公室场景。

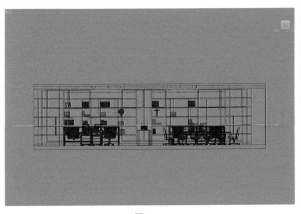

图9-11

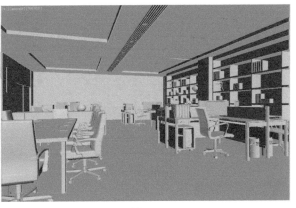

图9-12

TIPS

这里摄影机和目标点的高度是一致的。

TIPS

摄影机的坐标如图9-13所示，目标点的坐标如图9-14所示。

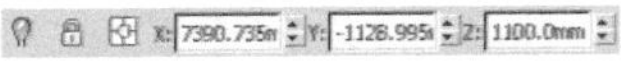

图9-13

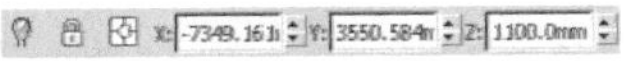

图9-14

另外，因为此时摄影机是平视拍摄，左右在垂直方向是不会产生透视错误的，也就是说在此摄影机上不需要再加载一个【摄影机校正】修改器来校正拍摄视角了。图9-15所示是加载了【摄影机校正】修改器的摄影机视图，可以与图9-12对比，是不是没有任何变化？

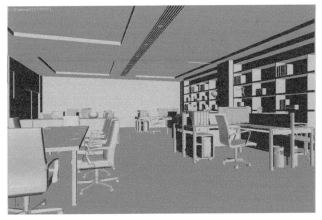

图9-15

9.3.3 模型检查

与家装效果图相同，当确认了摄影机拍摄角度后，我们仍然会对场景进行检测，为了简化操作，已经将场景中的所有对象指定了一个VRayMtl的test材质。所以，我们不再需要通过【全局开关】来覆盖材质了。

step 1　因为场景中有窗户，而指定的材质不具备透光和透视效果，所以检查模型之前，模拟半封闭空间，我们应该将窗玻璃隐藏。在透视图中选择3个窗玻璃模型，然后单击鼠标右键，选择【隐藏选定对象】，如图9-16所示，隐藏后的效果如图9-17所示。

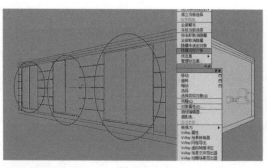
图9-16

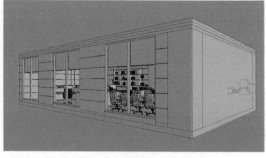
图9-17

落地窗上面的遮挡部分是窗帘，它们不需要被隐藏。

step 2 因为是半封闭空间，即便不考虑太阳光，也应该考虑环境天光，所以这里我们使用天光来作为测试光。使用【VRay灯光】在3个落地窗创建一盏【平面】光，如图9-18所示。

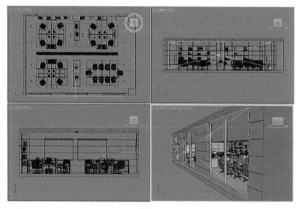
图9-18

step 3 选择上一步创建的【平面】光，确认【类型】为【平面】，根据窗户大小和覆盖面积设置调整灯光大小，参考并设置【1/2长】为5500mm、【1/2】宽为1350mm，勾选【天光入口】和【简单】，取消勾选【影响反射】选项，如图9-19所示。

step 4 因为在上一步中，使用【平面】光作为了天光，所以我们需要在【环境和效果】中设置环境，这样【平面】光才能获取灯光强度和颜色。按8键打开【环境和效果】对话框，设置【颜色】为（红:185，绿:207，蓝:253），模拟蓝天效果，如图9-20所示。

图9-19

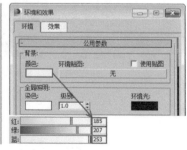
图9-20

取消对【影响反射】的勾选后，在反光物体中不会出现灯光的反射效果。比如，如果灯光对面有一面镜子，取消勾选【影响反射】后，镜子中不会出现该灯光。

step 5 灯光布置好后，下面设置测试参数。按F10键打开【渲染设置】对话框，修改【宽度】为800、【高度】为528，如图9-21所示。

step 6 切换到【VRay】选项卡，打开【图像采样器】卷展栏，设置【类型】为固定，选择【区域】，如图9-22所示。

 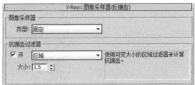

图9-21 图9-22

step 7 切换到【间接照明】选项卡，打开【间接照明（GI）】卷展栏，设置【首次反弹】的【全局照明引擎】为【发光图】，设置【二次反弹】的【全局照明引擎】为【灯光缓存】，如图9-23所示。

step 8 打开【发光图】卷展栏，设置【当前预置】为【非常低】、【半球细分】为20，如图9-24所示。

step 9 打开【灯光缓存】卷展栏，设置【细分】为200，勾选【显示计算相位】选项，如图9-25所示。

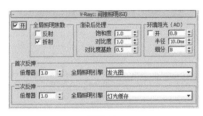  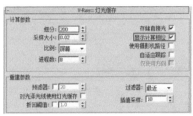

图9-23 图9-24 图9-25

step 10 切换到摄影机视图，按快捷键Shift+Q渲染场景，效果如图9-26所示。此时，场景被照亮，且模型没有任何问题。

图9-26

9.4 灯光布置

（扫码观看视频）

在前面检查模型的时候已经创建好了环境光，并且在参数设置上也已经测试正常，所以，在下面的灯光设置中就可以直接考虑布置办公室内的灯光即可。

9.4.1 划分天花灯光板

办公室场景的布光原则和大场景比较类似，就是灯光要有连续性，且因为办公室作为办公环境，照明尤为重要，所以，通常使用天花板片光，下面我们先来划分出灯光板的区域。

step 1 按M键打开【材质编辑器】对话框，新建一个【VRay灯光材质】，设置【颜色】为纯白色，设置强度为1，如图9-27所示。

step 2 在场景中选择灯光板模型，如图9-28所示。

图9-27   图9-28

TIPS

为了方便大家操作，我已经将灯光板进行了重新命名，大家可以通过【按名称选择】按钮 来选择相应灯光板，如图9-29所示。

图9-29

另外，对于灯光板的布置，大家可以在场景文件中根据个人爱好来重新划分，不一定要按照本书的设计。

step 3 选择好灯光板对象后，在【材质编辑器】中选择前面制作的灯光板材质，单击【将材质指定给选定对象】按钮 ，将材质指定给灯光板对象，如图9-30所示。

step 4 使用【VRay灯光材质】制作灯光板材质并指定给模型的目的是模拟光源发光的效果，所以对于筒灯的灯筒处也可以这样处理，如图9-31所示。

图9-30

图9-31

TIPS

同样，为了大家方便选择，已经将筒灯片重新命名了，大家可以通过【按名称选择】按钮来进行选择，如图9-32所示。

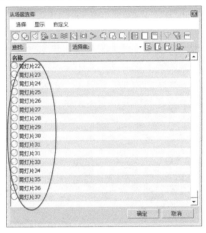

图9-32

step 5 因为使用了【VRay灯光材质】，所以它们会起照明作用，我们先来测试看一下，按快捷键Shift+Q渲染摄影机视图，效果如图9-33所示。

图9-33

TIPS

这样，我们就将办公室的灯光分布区划分出来了，接下要做的就是根据这些灯光分布来模拟相应灯光，即可完成办公室的打光了。

另外，大家在测试的时候，渲染效果中会出现很多噪点，这是渲染参数和灯光的【细分】造成的，并非模型问题，如果大家想得到较好的测试效果，可以适当增加灯光的【细分】。

9.4.2 创建天花片光

从场景中灯光的分布来看，天花片光可以分为左侧和右侧两个部分，既然是片光，那么使用【VRay灯光】的【平面】光来模拟即可。

step 1 使用【VRay灯光】在左侧的灯光片下创建一盏【平面】光，然后以实例的形式复制一盏到另外一处，灯光的具体位置如图9-34所示。

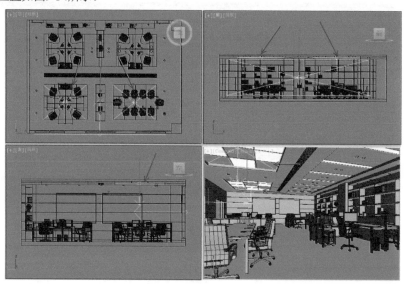

图9-34

step 2 选择上一步创建的灯光，确认灯光的【类型】为【平面】，设置【倍增器】为3、【颜色】为（红:171，绿:205，蓝:255），根据吊顶孔的大小，设置【1/2长】为1800mm、【1/2宽】为1382.5mm，勾选【不可见】选项，取消勾选【影响反射】选项，如图9-35所示。

step 3 切换到摄影机视图，按快捷键Shift+Q渲染场景，渲染效果如图9-36所示。此时，办公室左侧被照亮。

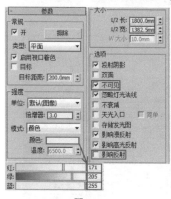

图9-35

图9-36

step 4 同理，下面我们要布置右侧灯光。使用【VRay灯光】在右侧灯光片下面创建一盏【平面】光，然后以【实例】的形式复制5盏到其他灯光片下，灯光的具体位置如图9-37所示。

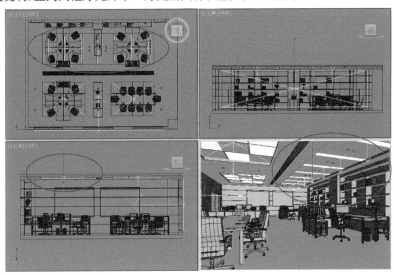

图9-37

step 5 选择上一步创建的灯光，确认灯光的【类型】为【平面】，设置【倍增器】为9、【颜色】为（红:171，绿:205，蓝:255），根据灯光片的大小设置【1/2长】为100mm、【1/2宽】为1282.5mm，勾选【不可见】选项，取消勾选【影响反射】选项，如图9-38所示。

step 6 按C键切换到摄影机视图，按快捷键Shift+Q渲染场景，效果如图9-39所示，此时场景的右侧也被照亮了。

图9-38

图9-39

9.4.3 优化筒灯照明

在前面，我们已经基本上布置好了办公室环境的灯光，但是还有些不足，比如书架内偏暗，阴角线处没有光照。下面，我们将模拟筒灯照明，来优化这些地方。

step 1　使用【VRay灯光】在场景中创建一盏【平面】光，然后以【实例】的形式复制22盏，分别将它们移动到书架、阴角线和装饰带上，灯光的具体位置如图9-40所示。

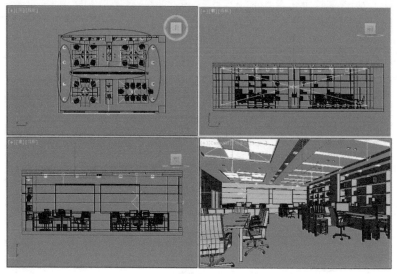

图9-40

step 2　选择上一步创建的灯光，确认灯光的【类型】为【平面】，设置【倍增器】为8，同样，为了形成冷暖对比，这里设置灯光的【颜色】为黄色（红:255，绿:207，蓝:144），设置【1/2长】和【1/2宽】为80mm，勾选【不可见】选项，取消勾选【影响反射】选项，如图9-41所示。

step 3　切换到摄影机视图，按快捷键Shif+Q渲染场景，效果如图9-42所示。从渲染效果中可以看到，办公室的整体亮度没有太大变化，但是书架等细微部分的灯光效果也出来了，冷暖对比也比较明显，灯光也富有了层次感。

图9-41

图9-42

⬢ TIPS

　　大家在此会有一个疑问，就是在前面的所有项目实例中，我们都是使用的【目标灯光】来模拟筒灯，为什么这里使用的是【平面】光呢？

　　其实，这里使用【目标灯光】是可以的，也是最标准的。之所以使用【平面】光，还是为了考虑到布光和参数的简化，使用【平面】光，在效果上可能没有【目标灯光】那么真实和好看，但是在功能上，可以解决前面提到的问题，而且正因为没有【目标灯光】丰富的效果，更能体现办公室场景的严谨、认真的氛围。

　　当然，有兴趣的读者可以将【平面】灯光替换成【目标灯光】，根据测试效果来调整灯光的亮度，然后对比一下两种灯光的效果。

9.5 材质模拟

灯光布置好了以后，可将灯光隐藏，防止在材质制作中移动了灯光的位置。另外，在布置灯光之前，我们隐藏了窗玻璃模型，所以在此，我们需要将它们取消隐藏，主要材质分布如图9-43所示。

图9-43

9.5.1 地毯材质

对于办公室环境的地板，可以考虑普通地砖，也可以使用本场景中的地毯，具体属性如下。

- **有地毯纹理。**
- **有一定反射，但是效果不是很强。**
- **与乳胶漆墙面类似，高光区域很大。**

在【材质编辑器】中新建一个VRayMtl材质球，具体参数设置如图9-44所示，材质球效果如图9-45所示，材质渲染效果如图9-46所示。

设置步骤

① 在【漫反射】贴图通道中加载一张地毯，模拟地毯的纹理，在【位图参数】卷展栏中，勾选【应用】选项，选择【裁剪】选项，然后可以单击【查看图像】按钮，在【指定裁剪/放置】面板中，框选出需要的部分。

② 设置【反射】颜色为（红:30，绿:30，蓝:30），模拟地毯较弱的反射强度；设置【高光光泽度】为0.3，模拟地毯较大的高光范围。

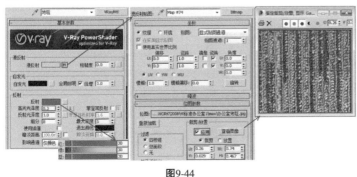

图9-44

图9-45

图9-46

其实，这里应该将【漫反射】贴图中的位图复制到【凹凸】贴图通道中，这样能模拟地毯的凹凸感，为了方便渲染快速，我在此省去了这一步参数，有兴趣的朋友可以尝试一下。

另外，因为地毯面积大，而且受灯光直射，加上地毯有反光，所以在渲染的时候，可能会出现色溢的现象，即整个空间会因为地毯反光，造成场景的整体色感偏向于地毯的颜色。为了避免这种色溢的现象，可以考虑使用【VRay覆盖材质】。

单击地毯材质的【VRayMtl】按钮，在【材质/贴图浏览器】中选择【VRay覆盖材质】，单击【确定】按钮，在【替换材质】对话框中选择【将旧材质保存为子材质】，单击【确定】按钮，此时已经将原有的"地毯"材质加载到了【基本材质】中，接下来要做的就是在【全局照明材质】通道中加载一个VRayMtl材质，如图9-47所示。最后，根据场景需要，将该材质的【漫反射】改为白色（红:240，绿:240，蓝:240）即可。

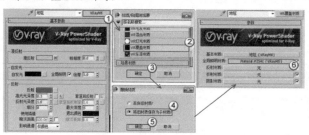

图9-47

那么，【VRay材质覆盖】的作用是什么呢？先从渲染灯光说起，当灯光照射到地毯上，由于地毯面积较大，且自身颜色浓度过大，会使经地毯反射后的光线具有地毯的颜色，以至于使场景的整体色感表现为地毯的颜色。使用了【VRay材质覆盖】后，即将【全局照明材质】替换为了现在的VRayMtl材质，那么反色的灯光颜色则是以现在的VRayMlt的颜色为准，即前面设置的（红:240，绿:240，蓝:240），所以，这样就避免了色溢现象。

除了上述方法，还可以使用【VRay材质包裹器】，【VRay材质包裹器】控制的是基础材质的光的接收和反射强度，以此来控制色溢的强弱。

9.5.2 天花材质

对于办公室的天花材质，目的是使室内光线更亮，通常会使用略带反光性能的涂漆，具体属性如下。

- **颜色为白色。**
- **有一定的反射，但是不是太强。**
- **高光性很好。**

在【材质编辑器】中新建一个VRayMtl材质球，具体参数设置如图9-48所示，材质球效果如图9-49所示，材质渲染效果如图9-50所示。

设置步骤

① 设置【漫反射】颜色为（红:255，绿:255，蓝:255），模拟白色的颜色。

② 设置【反射】颜色为（红:20，绿:20，蓝:20），模拟天花较弱的反射强度；设置【高光光泽度】为0.9，模拟较强的高光性。

图9-48

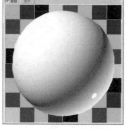

图9-49

图9-50

TIPS

在本场景中，除了上述天花材质，在左侧的天花片灯附近也是天花材质。相对于上述天花材质，此处的材质反光性能更强，为了更好地模拟菲涅尔反射，在其反射"颜色"中加载了一张【衰减】程序贴图，具体参数设置如图9-51所示。

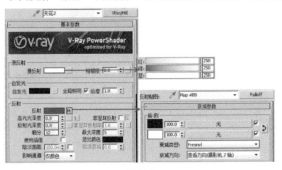

图9-51

另外，对于墙面和天花上的白色条状装饰，这里使用的是"白色ICI"，其实在使用VRayMtl模拟的时候，因为考虑到墙壁距离比较远，所以直接就使用了颜色来模拟，参数如图9-52所示。

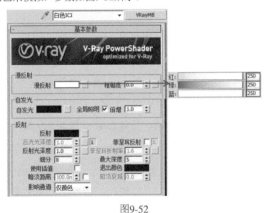

图9-52

9.5.3 防水布窗帘材质

办公室的窗帘通常是上下卷的，而且不会选择类似于家装环境的设计优美的窗帘，在颜色上通常是以纯色为主。另外，在材质上，也不会选择比较柔软的棉布、丝布或者或者绒布等，一般以防水布、塑料为主。本场景中的防水布属性如下。

- **防水布颜色为淡蓝色，可以过滤阳光，避免夏季阳光太热。**
- **因为防水布窗帘离摄影机较远，所以对于布料反射、高光等不明显的属性就不用表现。**
- **有一定透光性，但是不透视。**

在【材质编辑器】中新建一个VRayMtl材质球，具体参数设置如图9-53所示，材质球效果如图9-54所示，材质渲染效果如图9-55所示。

设置步骤

① 设置【漫反射】颜色为淡蓝色（红:190，绿:208，蓝:236）。

② 设置【折射】颜色为（红:30，绿:30，蓝:30），模拟较弱的透光性；设置【光泽度】为0.9，结合较弱的透光性来模拟不透视的效果；勾选【影响阴影】选项，使光线能透过防水布产生阴影。

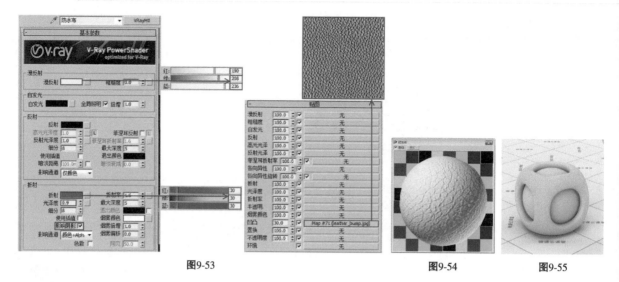

图9-53　　　　　　　　　　　　　　　　　　图9-54　　　　　图9-55

9.5.4 白漆材质

白漆是办公电脑桌比较常见的材质，白漆的属性具体如下。

* **颜色为白色。**
* **有反射，且满足菲涅耳反射。**
* **有比较强的高光和反射性。**

在【材质编辑器】中新建一个VRayMtl材质球，具体参数设置如图9-56所示，材质球效果如图9-57所示，材质渲染效果如图9-58所示。

设置步骤

① 设置【漫反射】颜色为（红:242，绿:242，蓝:242），模拟白漆的白色。

② 在【反射】贴图通道中加载一张【衰减】程序贴图，然后设置【衰减类型】为Fresnel，模拟菲涅耳反射效果；设置【高光光泽度】和【反射光泽度】均为0.86，模拟较强的高光和反射性；设置【细分】为12，使材质的反射效果更加细腻。

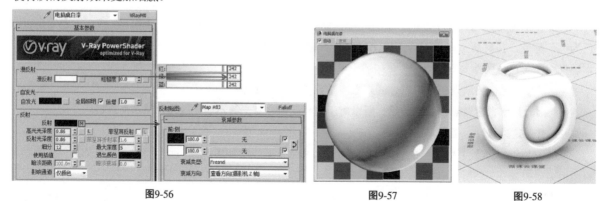

图9-56　　　　　　　　　　　　　　　　图9-57　　　　　　　　　　　图9-58

9.5.5 不锈钢材质

无论家装还是工装，不锈钢材质都是比较常用的材质，在前面的项目中已经介绍过太多不锈钢的材质了，这里就不具体介绍细节了。不锈钢材质的参数如图9-59所示，材质球效果如图9-60所示，材质球的渲染效果如图9-61所示。

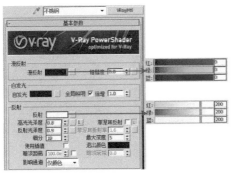

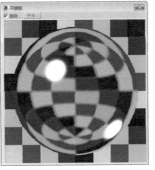

图9-59 图9-60 图9-61

TIPS

对于金属材质的制作，其实都是大同小异。比如，本场景中还有垃圾桶材质，它也是一种金属材质，只是在颜色上偏白，反光上弱一些，可以理解为在其表面涂了一层有色的金属漆，具体参数设置如图9-62所示，材质球效果如图9-63所示。

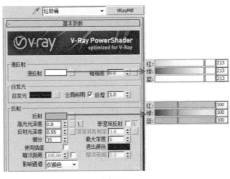

图9-62 图9-63

9.5.6 合成塑料材质

在家装环境中，因为考虑到居家环境，所以对于塑料的使用并不太多。而对于办公环境，合成塑料材质的使用就比较多了，比如椅子的支架、办公桌的侧边等。对于合成塑料，其材质制作原理与白漆类似，具体属性如下。

- **本场景使用的是灰色的合成塑料。**
- **有一定的反射强度，具备菲涅耳反射效果，有一定的高光和反射性。**

在【材质编辑器】中新建一个VRayMtl材质球，具体参数设置如图9-64所示，材质球效果如图9-65所示，材质渲染效果如图9-66所示。

设置步骤

① 设置【漫反射】颜色为（红:50，绿:50，蓝:50），模拟深灰色。

② 在【反射】的颜色通道中加载一张【衰减】程序贴图，设置【衰减类型】为Fresnel，设置【侧】通道颜色为（红:191，绿:191，蓝:191）模拟合成塑料的菲涅耳反射效果；设置【高光光泽度】为0.86、【反射光泽度】为0.86，模拟反射性和高光性；设置【细分】为10，增加反射效果的细腻程度。

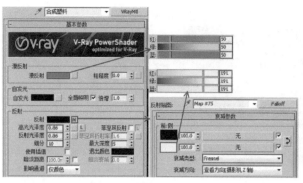

图9-64　　　　　　　　　　　　图9-65　　　　　　　　　　图9-66

TIPS

　　在此，大家可能会发现合成塑料的材质与白漆极为类似。这是肯定的，这里模拟的是带高光的合成塑料，其模拟原理与白漆属于同类对象，所以看起来相似也不奇怪，只是，相对于白漆来讲，合成塑料在反射上是明显不如白漆的，这也是为什么【侧】通道的颜色不是纯白色。

9.5.7　皮材质

　　在办公环境中，皮材质主要存在于椅子和沙发上，具体物理属性如下。

- **皮材质有自身特有的纹理。**
- **这里模拟的高亮皮材质，所以反射强度很强，且带有菲涅耳反射；高光性很强，反射效果很好。**

　　在【材质编辑器】中新建一个VRayMtl材质球，具体参数设置如图9-67所示，材质球效果如图9-68所示，材质渲染效果如图9-69所示。

　　① 在【漫反射】贴图通道中加载一张"场景文件>综合办公室>贴图>PW-028.jpg"贴图，模拟皮材质的纹理。

　　② 在【反射】的颜色通道中加载一张【衰减】程序贴图，设置【衰减类型】为Fresnel，设置【侧】通道颜色为（红:180，绿:180，蓝:180）模拟皮材质的菲涅耳反射效果；设置【高光光泽度】为0.86、【反射光泽度】为0.9，模拟反射性和高光性；设置【细分】为15，增加反射效果的细腻程度。

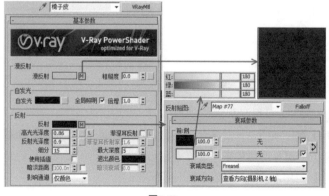

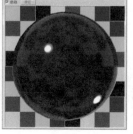

图9-67　　　　　　　　　　　　图9-68　　　　　　　　　图9-69

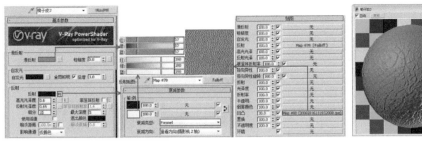

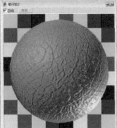

图9-70　　　　　　　　　　　　　　　　　　　　　　图9-71

9.5.8 磨砂玻璃材质

　　在办公环境中，磨砂玻璃主要用作办公桌子之间的隔板，具体属性如下。

- 与金属类似，普通玻璃的颜色是靠反射和折射来决定的，所以通常可以将本身颜色看为黑色。
- 因为磨砂玻璃本身高光和反光不强，加上隔板模型距摄影机比较远，所以可以考虑不模拟反射效果。
- 具有透视和透光的性能，因为是磨砂玻璃，所以透视效果是模糊的。

　　在【材质编辑器】中新建一个VRayMtl材质球，具体参数设置如图9-72所示，材质球效果如图9-73所示，材质渲染效果如图9-74所示。

　　① 设置【漫反射】颜色为纯黑色。

　　② 设置【折射】颜色为（红:242，绿:242，蓝:242），模拟玻璃的强透光性；设置【光泽度】为0.9，使透视效果模糊，模拟磨砂感；设置【细分】为12，使折射效果更加细腻；勾选【影响阴影】选项。

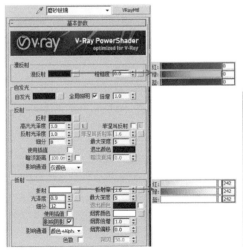

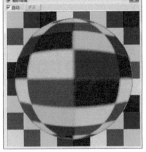

图9-72　　　　　　　　　　　图9-73　　　　　　　　　　图9-74

除了磨砂玻璃，本场景还有普通的窗玻璃，即开始我们隐藏的落地窗玻璃，其特点在于完全透光和完全透视，具体参数如图9-75所示，材质球效果如图9-76所示。

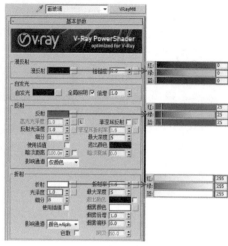

图9-75	图9-76

9.5.9 木纹材质

无论是家装还是工装，木纹材质都是最常用的一种，无论是做地板还是作为桌椅原料，都是不错的选择，本场景中的木纹材质主要用于办公桌和书架。因为在前面的项目中，介绍了大量木纹材质的制作方法，它们的原理都一样，所以在此，不再具体介绍制作思路，具体参数设置如图9-77所示，材质球效果如图9-78所示，材质渲染效果如图9-79所示。

图9-77

图9-78	**图9-79**

9.6 最终渲染

（扫码观看视频）

当材质和灯光都处理好了以后，就将进入3ds Max的最后一步——渲染最终效果图。在进行最终渲染参数设置之前，一定要记得取消勾选【覆盖材质】选项组。

9.6.1 曝光处理

在灯光布置的时候，考虑到材质的反射和折射会对曝光有影响，所以未进行曝光处理，现在，材质已经指定好了，那么，就可以进行曝光处理了。

step 1 按F10键打开【渲染设置】对话框，切换到【VRay】选项卡，打开【颜色贴图】卷展栏，设置【类型】为【莱因哈德】，勾选【子像素贴图】和【钳制输出】，设置【钳制级别】为0.98；设置【倍增】为1.3、【加深值】为0.95、【伽玛值】为0.98，如图9-80所示。

图9-80

step 2 切换到摄影机视图，按快捷键Shift+Q渲染场景，效果如图9-81所示。

图9-81

9.6.2 设置灯光细分

关于灯光细分的设置方法在前面已经设置过很多次了，这里不再具体介绍，因为场景内灯光比较多，建议将细分设置得适量即可，避免过多的灯光使得渲染速度极慢，建议设置为12。

9.6.3 设置渲染参数

step 1 按F10键打开【渲染设置】对话框，设置【宽度】为4000，【高度】会自动更新为2640，如图9-82所示。

step 2 切换到【VRay】选项卡，打开【全局开关】卷展栏，设置【二次光线偏移】为0.001，防止重面，如图9-83所示。

图9-82

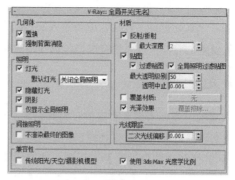
图9-83

step 3 打开【图像采样器（反锯齿）】卷展栏，设置【类型】为【自适应细分】，选择Catmull-Rom，如图9-84所示。

step 4 切换到【间接照明】选项卡，打开【发光图】卷展栏，设置【当前预置】为【中】、【半球细分】为60、【插值采样】为30，如图9-85所示。

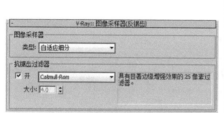
图9-84

图9-85

step 5 打开【灯光缓存】卷展栏，设置【细分】为1600，勾选【显示计算相位】，勾选【预滤器】，设置【预滤器】为20，如图9-86所示。

step 6 切换到【设置】选项卡，设置【适应数量】为0.72、【噪波阈值】为0.006、【最小采样值】为20，如图9-87所示。

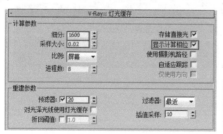
图9-86

图9-87

9.6.4 保存渲染图像

渲染参数设置好后，下面我们开始渲染最终图像，这个过程很久，大家可以选择做点其他事情。

step 1 切换到摄影机视图，按快捷键Shift+Q渲染场景，如图9-88所示。

图9-88

step 2 单击【渲染帧窗口】上的【保存图像】按钮，将其保存为TIF图像文件，如图9-89所示。

图9-89

step 3 系统会弹出【TIF图像控制】对话框，选择【16位彩色】，如图9-90所示。

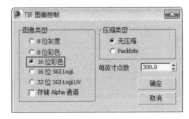

图9-90

9.7 后期处理

step 1 在Photoshop CS6中打开前面保存的"渲染效果图.tif"文件，如图9-91所示。

图9-91

step 2 在"背景"图层上单击鼠标右键，在弹出的菜单中选择【复制图层】，如图9-92所示，单击【确定】按钮后，系统会自动复制一个图层，如图9-93所示。

step 3 单击【创建新的填充或调整图层】按钮 ⬤，选择【曝光度】，如图9-94所示。

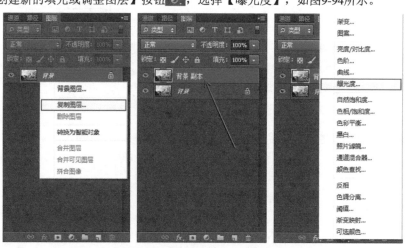

图9-92   图9-93   图9-14

step 4 系统弹出【曝光度】的【属性】面板，因为渲染效果图的曝光度偏高，所以调整【曝光度】为-0.25，适当降低曝光度，如图9-95所示，调整后的效果如图9-96所示。

图9-95

图9-96

TIPS

可以明显地发现此时曝光度降低了，但是场景的亮度也降低了。

step 5 因为渲染图比较灰，所以为效果图添加【色阶】调整图层，用于调整图像的层次感，如图9-97所示，具体参数设置如图9-98所示，调整后的效果如图9-99所示。

图9-97

图9-98

图9-99

step 6 观察图9-99，图像的层次感已经很突出了，整个场景的空间感也有了，但是亮度不足。为效果图添加【曲线】调整图层，用于调整亮度，如图9-100所示，具体调整曲线如图9-101所示，调整后的效果如图9-102所示。

图9-100

图9-101

图9-102

step 7 按快捷键Ctrl+Shift+Alt+E，盖印当前图层，即将目前的效果盖印到一张新图层上，如图9-103所示。

step 8 为图像添加一个【照片滤镜】调整图层，如图9-104所示，在【属性】面板中选择【冷却滤镜（80）】，设置【浓度】为10%，使办公室环境的灯光更清冷，使环境看起来更清净，更符合办公室严肃的氛围，如图9-105所示，最终效果如图9-106所示。

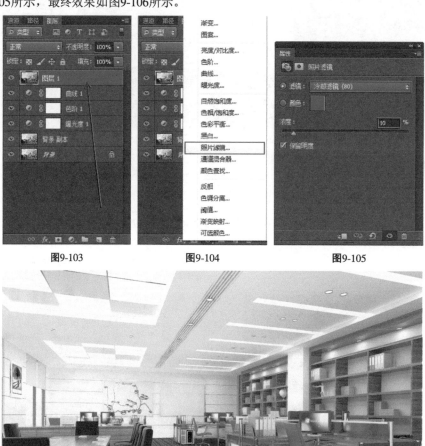

图9-103　　　　　　　　　图9-104　　　　　　　　　图9-105

图9-106

第 **10** 章　工装——KTV前台接待大厅效果表现

类别	链接位置	资源名称
初始文件	场景文件	KTV前台.max
成品文件	完成文件>KTV前台	KTV前台.max，KTV前台.psd
视频文件	教学视频>KTV前台	构图.mp4，材质.mp4，灯光.mp4，渲染.mp4，后期.mp4

学习目标

- 了解KTV娱乐场所的氛围特点
- 掌握密闭空间的布光方式
- 掌握修饰灯光的布光位置的选择和布光方法
- 掌握黑玻璃、镜面、绒布材质的制作方法

- 掌握ID通道图的渲染方法
- 掌握曝光度、亮度、空间层次感的调整方法

- 掌握如何使用ID通道图在Photoshop中进行特定对象的调整方法

10.1 项目介绍

　　本场景是一个KTV的接待前台，同样属于工装环境。与办公环境不同，KTV环境要体现的不是严肃和清净的工作氛围，而是应该表现出张扬、绚丽、色彩奔放的效果。为了烘托出KTV绚丽奔放的效果，通常在装修的时候，会考虑使用各种装饰灯光来体现，加上KTV是一个全封闭空间，考虑到其本身的娱乐性质，筒灯、灯带的使用频率特别高；在材质选择上，色彩尽量以暖色为主，质感以高光、高反射为主，皮、绒布、镜子等材质都是比较可取的。图10-1所示是本项目所要表现的KTV前台接待大厅的效果，整个空间以红黄色为主，符合KTV热烈奔放、青春洋溢的主题。

图10-1

10.2 设置LWF模式

　　启动3ds Max 2014，执行【自定义】>【首选项设置】菜单命令，打开【首选项设置】对话框，切换到【Gamma和LUT】选项卡，勾选【启用Gamma和LUT校正】，设置【Gamma】为2.2，勾选【影响颜色选择器】和【影响材质选择器】，单击【确定】按钮，如图10-2所示。

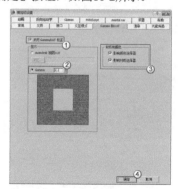

图10-2

10.3 场景构图

打开资源文件中的"场景文件>KTV前台.max"文件，如图10-3所示，这是一个全封闭的KTV前台空间。

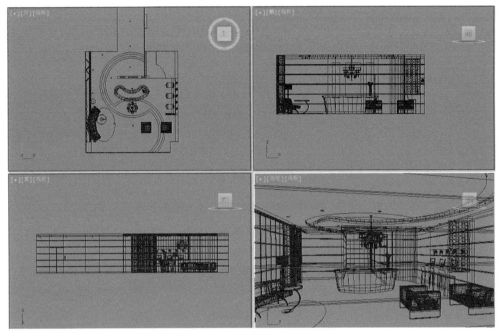

图10-3

10.3.1 设置画面比例

对于KTV前台环境，我们应该最大限度地表现其空间元素，所以，此处选择横构图来表现。

step 1 按F10键打开【渲染设置】对话框，设置【宽度】为600、【高度】为420，锁定【图像纵横比】为1.54762，如图10-4所示。

step 2 选择透视图，按快捷键Shift+F激活【安全框】，如图10-5所示。

图10-4

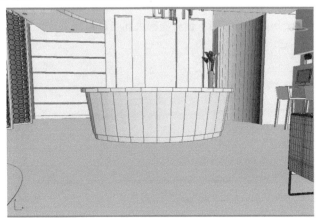

图10-5

10.3.2 创建目标摄影机

为了最大化拍摄场景，同样使用对角拍摄的方式。切换到顶视图，使用【目标摄影机】沿场景的对角线创建摄影机，位置如图10-6所示。

step 1 因为摄影在墙体外，所以摄影机是拍摄不到室内的，如图10-7所示。

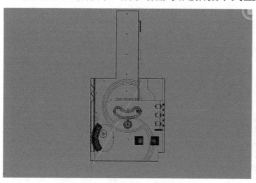

图10-6

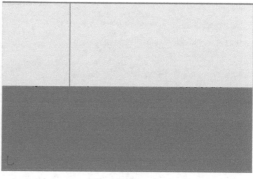

图10-7

step 2 在顶视图中选择摄影机，切换到修改面板，通过调整【视野】和【镜头】的大小，来控制摄影机的拍摄角度，建议设置为70~75°之间；勾选【手动剪切】选项，根据顶视图的红线显示范围来调整摄影机的拍摄范围，如图10-8所示，摄影机参数如图10-9所示。

step 3 按C键切换到摄影机视图，此时的拍摄效果如图10-10所示，我们还需要调整摄影机的高度。

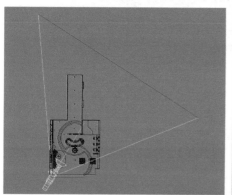

图10-8

图10-9

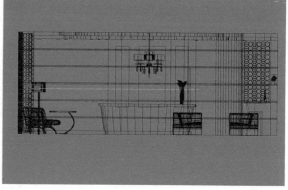

图10-10

step 4 切换到前视图，调整摄影机和目标点的高度如图10-11所示。

 TIPS

这里摄影机和目标点的高度是一致的。

图10-11

step 5 按C键切换到摄影机视图，此时的构图效果如图10-12所示，可见拍摄角度已经是最大化拍摄视野了，几乎可以拍摄KTV前台的大部分对象，从视图中也可以明显地看出这是一个KTV前台场景。

图10-12

TIPS

摄影机的坐标如图10-13所示，目标点的坐标如图10-14所示。

图10-13

X: 5709.389m Y: 7943.368m Z: 1350.545m

图10-14

另外，本场景也是平视视角，所以不需要加载【摄影机校正】修改器。

10.3.3 模型检查

本场景是一个全封闭空间，是无法从外部布光或者设置天光来进行照明的，所以，在本场景中，可以创建一个VRay灯光来模拟室内照明，以此来检查模型是否错误。

step 1 使用【VRay灯光】在场景的右侧墙面处创建一盏【平面】灯光，具体位置如图10-15所示。

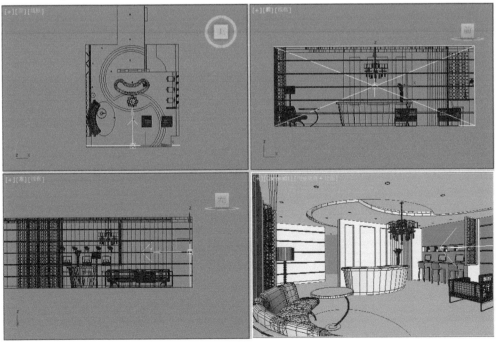

图10-15

step 2 选择上一步创建的【平面】光，确认【类型】为【平面】，设置【倍增器】为2.5，根据窗户大小和覆盖面积设置调整灯光大小，参考并设置【1/2长】为3900mm、【1/2】宽为1500mm，如图10-16所示。

step 3 灯光布置好后，下面设置测试参数。按F10键打开【渲染设置】对话框，修改【宽度】为800、【高度】为517，如图10-17所示。

step 4 切换到【VRay】选项卡，打开【图像采样器】卷展栏，设置【类型】为固定，选择【区域】，如图10-18所示。

图10-16

图10-17

图10-18

step 5 切换到【间接照明】选项卡，打开【间接照明（GI）】卷展栏，设置【首次反弹】的【全局照明引擎】为【发光图】，设置【二次反弹】的【全局照明引擎】为【灯光缓存】，如图10-19所示。

step 6 打开【发光图】卷展栏，设置【当前预置】为【非常低】、【半球细分】为20，如图10-20所示。

step 7 打开【灯光缓存】卷展栏，设置【细分】为200，勾选【显示计算相位】选项，如图10-21所示。

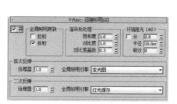

图10-19

图10-20

图10-21

step 8 切换到摄影机视图，按快捷键Shift+Q渲染场景，效果如图10-22所示。此时，场景被照亮，且模型没有任何问题。

图10-22

 TIPS

测试完成后，请一定要将前面创建的灯光删除！

10.4 灯光布置

在项目说明的时候已经说过，本场景是一个全封闭空间，加上KTV独特的氛围，所以主要考虑使用筒灯和灯带来处理效果；另外，灯光颜色也选取偏暖的黄色。

10.4.1 创建筒灯

step 1 使用【目标灯光】在场景的筒灯处创建一盏灯光，然后以实例的形式复制17盏灯，分别将它们移动到筒灯下方，具体位置如图10-23所示。

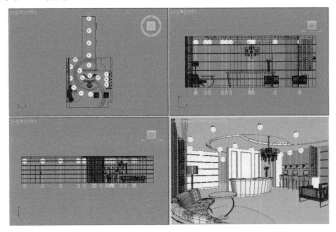

图10-23

step 2 选择其中一盏灯光，设置【阴影】类型为【VRay阴影】，设置【灯光分布（类型）】类型为【光度学Web】，在【分布（光度学Web）】中加载"场景文件>KTV前台>贴图>14.ies"灯光文件，设置【过滤颜色】为黄色（红:255，绿:170，蓝:102），模拟暖色，设置【强度】为18000，如图10-24所示。

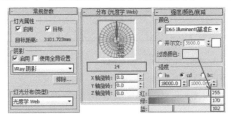

图10-24

step 3 切换到摄影机视图，按快捷键Shift+Q渲染摄影机视图，效果如图10-25所示，此时的筒灯效果非常棒！

图10-25

10.4.2 创建吊灯

step 1 使用【VRay灯光】在吊灯的灯罩中创建一盏【球体】灯光，然后以【实例】的形式复制7盏，分别放置在灯罩之中，具体位置如图10-26所示。

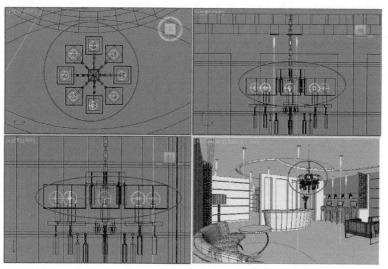

图10-26

step 2 选择上一步创建的灯光，确认灯光的【类型】为【球体】，设置【倍增器】为50、【颜色】为（红:253，绿:160，蓝:60），设置【半径】为50mm，勾选【不可见】选项，如图10-27所示。

图10-27

step 3 切换到摄影机视图，按快捷键Shift+Q渲染场景，渲染效果如图10-28所示。

图10-28

10.4.3 创建天花灯带

step 1 按M键打开【材质编辑器】，新建一个【VRay灯光材质】，然后设置【颜色】为黄色（红:246，绿:192，蓝:133），如图10-29所示，材质球效果如图10-30所示。

 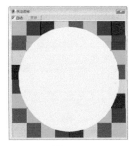

图10-29　　　　　　　　　　　　　　　　　　图10-30

step 2 选择吊顶上方的灯带模型，如图10-31所示，然后将灯光材质指定给选定对象，如图10-32所示。

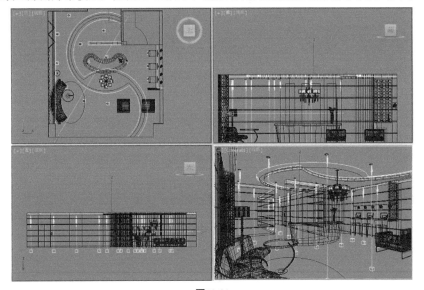

图10-31

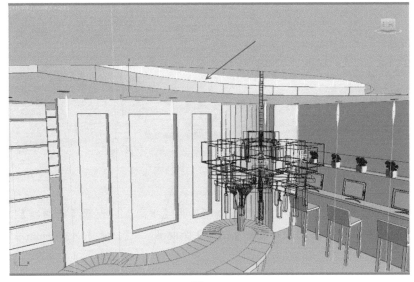

图10-32

step 3 切换到摄影机视图，按快捷键Shif+Q渲染场景，效果如图10-33所示。从渲染效果中可以看到，KTV前台的整体亮度没有太大变化，但是座椅等细微部分的灯光效果也出来了，冷暖对比也比较明显，灯光也富有了层次感。

图10-33

10.4.4 创建点缀灯光

因为是KTV场景，所以灯光是越丰富越好，下面我们在可以加修饰光的地方加入相应的灯光，来丰富场景光效。

step 1 在窗帘处的位置，使用【VRay灯光】创建一盏方向向下的【平面】光，灯光位置如图10-34所示。

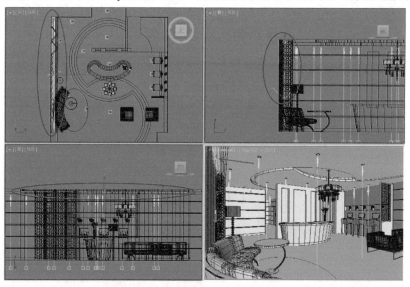

图10-34

step 2 选择上一步创建的灯光，确认灯光的【类型】为【平面】，设置【倍增器】为4、【颜色】为（红:254，绿:173，蓝:86），根据场景大小调整【1/2长】为86mm、【1/2宽】为3706mm，勾选【不可见】选项，如图10-35所示。

图10-35

step 3　切换到摄影机视图,按快捷键Shift+Q渲染,效果如图10-36所示。

图10-36

step 4　休闲区的计算机处,也可以考虑增加一盏方向向下的照射灯光。使用【VRay灯光】,在计算机上方的灯槽中创建一盏方向向下的【平面】光,灯光位置如图10-37所示。

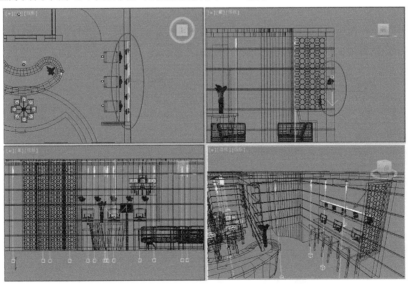

图10-37

step 5 选择上一步创建的灯光，确认灯光的【类型】为【平面】，设置【倍增器】为4、【颜色】为（红:255，绿:194，蓝:62），根据场景大小调整【1/2长】为48mm、【1/2宽】为1427mm，勾选【不可见】选项，如图10-38所示。

图10-38

step 6 切换到摄影机视图，按快捷键Shift+Q渲染场景，效果如图10-39所示。此时，KTV环境的灯光都布置好了，当然，如果大家还有一些设计想法，可以根据自己的设计想法，在其他可以布置灯光的地方布置。

图10-39

10.5 材质模拟

〔扫码观看视频〕

因为在前面的项目中，已经讲解了很多材质的制作方法，对于装修环境，其实大部分材质都是差不多的。所以，在此，我仅对一些重要材质进行介绍，类似于木纹、地板之类的材质，将不再介绍，如图10-40所示。

图10-40

10.5.1　绒布材质

绒布沙发是KTV比较常见的一种沙发，为了满足KTV热烈奔放的氛围，在此选择了红色的颜色，其具体制作方法与"第8章 8.5.6 布料材质"的制作方法基本一样，所以这里不再详细介绍其原理。具体参数设置如图10-41所示，材质球效果如图10-42所示，渲染效果如图10-43所示。

图10-41

图10-42　　　　　图10-43

10.5.2　黑玻璃材质

玻璃材质也是KTV环境比较常用的高光材料，当然黑玻璃更能体现出该场景的魔幻的特性，具体属性如下。

- **颜色为黑色。**
- **没有透视。**
- **有一定反射和高光效果。**

在【材质编辑器】中新建一个VRayMtl材质球，具体参数设置如图10-44所示，材质球效果如图10-45所示，材质渲染效果如图10-46所示。

设置步骤

① 设置【漫反射】颜色为（红:0，绿:0，蓝:0），模拟黑的颜色。

② 设置【反射】颜色为(红:86，绿:86，蓝:86)，模拟反射强度；设置【高光光泽度】为0.9，模拟较强的高光性；设置【反射光泽度】为1，模拟镜面反射；勾选【菲涅耳反射】选项，这是制作有色玻璃的必勾选项。

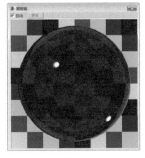

图10-44　　　　　　　　图10-45　　　　　　　图10-46

10.5.3 镜面材质

对于KTV前台来讲，镜子和玻璃一样，随处可以见，镜子的物理属性如下。

- **镜子的工业生产原理是在玻璃背后镀一层金属，所以镜子的"漫反射"和玻璃一样，可以考虑黑色或深灰色。**
- **镜子的反射很强，且属于镜面反射。**

在【材质编辑器】中新建一个VRayMtl材质球，具体参数设置如图10-47所示，材质球效果如图10-48所示，材质渲染效果如图10-49所示。

设置步骤

① 设置【漫反射】颜色为深褐色（红:24，绿:24，蓝:24）。

② 设置【折射】颜色为（红:239，绿:239，蓝:239），模拟强反射，保持【高光光泽度】为【反射光泽度】均为1，模拟镜面反射效果。

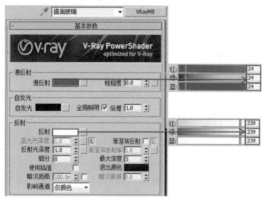

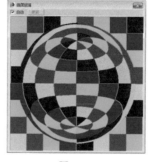

图10-47 　　　　　　　　　　　　　图10-48 　　　　　　　　　　　　　图10-49

10.5.4 白漆材质

白漆材质可以说是装修环境的必备材料，在KTV环境中使用白漆材质，主要是为了增加白色调，增加空间的层次感。关于白漆材质的制作方法，在前面介绍过很多次了，这里就不再赘述。具体参数设置如图10-50所示，材质球效果如图10-51所示，渲染效果如图10-52所示。

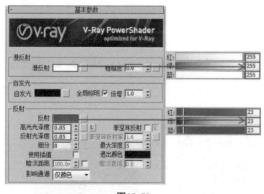

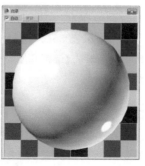

图10-50 　　　　　　　　　　　　　图10-51 　　　　　　　　　　　　　图10-52

TIPS

对于场景中的其他材质，比如不锈钢、灯罩、木纹、地砖等材质，在前面的项目中都介绍了不少，所以大家可以参考前面的制作方法来进行制作。因为篇幅问题，所以就不再赘述。

（扫码观看视频）

10.6 / 最终渲染

同样，当材质都指定好了以后，我们接下来要考虑的就是如何渲染，第1章介绍过使用ID通道图来做后期处理，所以，在设置渲染参数的时候，我们要将ID通道给渲染出来。

10.6.1 曝光处理

在灯光布置的时候，考虑到材质的反射和折射会对曝光有影响，所以未进行曝光处理，现在，材质已经指定好了，那么，就可以进行曝光处理了。

step 1　按F10键打开【渲染设置】对话框，切换到【VRay】选项卡，打开【颜色贴图】卷展栏，设置【类型】为【莱因哈德】，勾选【子像素贴图】和【钳制输出】，设置【钳制级别】为0.98；设置【倍增】为1.3、【加深值】为1.1、【伽玛值】为0.9，如图10-53所示。

图10-53

step 2　切换到摄影机视图，按快捷键Shift+Q渲染场景，效果如图10-54所示。

图10-54

10.6.2 设置灯光细分

因为场景内灯光比较多，建议将细分设置得适量即可，避免过多的灯光使得渲染速度极慢，建议设置为16。

10.6.3 设置渲染参数

step 1　按F10键打开【渲染设置】对话框，设置【宽度】为4000，【高度】会自动更新为2585，如图10-55所示。

step 2　切换到【VRay】选项卡，打开【全局开关】卷展栏，设置【二次光线偏移】为0.001，防止重面，如图10-56所示。

图10-55

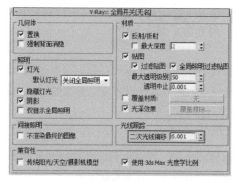

图10-56

`step 3` 打开【帧缓冲区】卷展栏，勾选【启动内置缓冲区】选项，如图10-57所示。

`step 4` 打开【图像采样器（反锯齿）】卷展栏，设置【类型】为【自适应确定性蒙特卡洛】，选择 VRaySincFilter，然后打开【自适应DMC图像采样器】，设置【最大细分】为12，如图10-58所示。

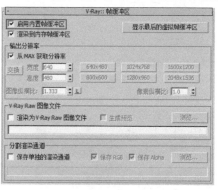

图10-57

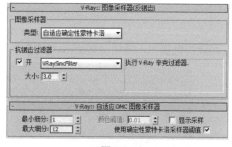

图10-58

`step 5` 切换到【间接照明】选项卡，打开【发光图】卷展栏，设置【当前预置】为【中】、【半球细分】为50、【插值采样】为20，如图10-59所示。

`step 6` 打开【灯光缓存】卷展栏，设置【细分】为1200，勾选【显示计算相位】，勾选【预滤器】，设置【预滤器】为20，如图10-60所示。

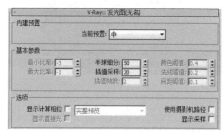

图10-59

图10-60

`step 7` 切换到【设置】选项卡，设置【适应数量】为0.72、【噪波阈值】为0.006、【最小采样值】为20，如图10-61所示。

图10-61

`step 8` 切换到Render Elements选项卡，单击【添加】按钮，在【渲染元素】中选择VRayRenderID，单击【确定】按钮，设置要渲染的ID通道图，如图10-62所示。

图10-62

10.6.4 保存渲染图像

渲染参数设置好后，下面我们开始渲染最终图像。这个过程很久，其间，大家可以选择做点其他事情。

step 1 切换到摄影机视图，按快捷键Shift+Q渲染场景，如图10-63所示。

图10-63

step 2 因为VRay帧缓冲区和3ds Max默认的缓冲区的Gamma值是不匹配的，所以单击【显示sRGB颜色空间】，校正Gamma值，如图10-64所示，效果如图10-65所示。

图10-64

图10-65

step 3 单击【渲染帧窗口】上的【保存图像】按钮□保存最终效果，将其保存为TIF格式，如图10-66所示。

图10-66

step 4　系统会弹出【TIF图像控制】对话框，选择【16位彩色】，如图10-67所示。

图10-67

step 5　单击☐按钮保存ID通道，将其保存为BMP格式，如图10-68所示，保存后的效果如图10-69所示。

图10-68

图10-69

10.7 后期处理

step 1 在Photoshop CS6中打开前面保存的"工装——KTV前台接待大厅效果表现.tif"文件，如图10-70所示。

图10-70

step 2 在"背景"图层上单击鼠标右键，在弹出的快捷菜单中选择【复制图层】，如图10-71所示，单击【确定】按钮后，系统会自动复制一个图层，如图10-72所示。

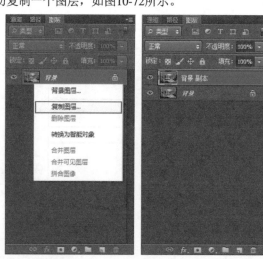

图10-71   **图10-72**

step 3 单击【创建新的填充或调整图层】按钮 ，选择【曝光度】，如图10-73所示。

step 4 系统弹出【曝光度】的【属性】面板，调整【曝光度】为0.25，适当增加曝光，如图10-74所示，调整后的效果如图10-75所示。

图10-73　　　　　　　　　　　图10-74

图10-75

step 5　因为渲染图比较灰，所以为效果图添加【色阶】调整图层，用于调整图像的层次感，如图10-76所示。具体参数设置如图10-77所示，调整后的效果如图10-78所示。

图10-76　　　　　　　　　　　图10-77

图10-78

 **step 6** 观察图10-78，图像的层次感已经很突出了，整个场景的空间感也有了，但是亮度不足。为效果图添加【曲线】调整图层，用于调整亮度，如图10-79所示。具体调整曲线如图10-80所示，调整后的效果如图10-81所示。

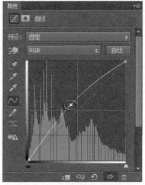

图10-79　　　　　　　　　　　　　图10-80

图10-81

step 7　按快捷键Ctrl+Shift+Alt+E，盖印当前图层，即将目前的效果盖印到一张新图层上，如图10-82所示。

step 8　下面，使用ID通道图来进行细调。将"ID通道.bmp"拖动到PS中，调整好位置，如图10-83所示。

图10-82

图10-83

step 9　在图层面板中，将ID通道的图层，即【图层2】，移动到【图层1】下面，如图10-84所示。

step 10　对于场景中的红布沙发，我们可以考虑让它颜色更深一点。保持选中【图层2】，激活【魔棒工具】，按住Shift键，选中红布沙发，如图10-85所示。

图10-84

图10-85

step 11　选中【图层1】，如图10-86所示，然后为其增加一个【色相/饱和度】调整图层，如图10-87所示，在【属性】面板中调整【饱和度】和25，降低【明度】为-15，如图10-88所示。此时的效果如图10-89所示。

图10-86　　　　　　　　　图10-87　　　　　　　　图10-88

图10-89

> **TIPS**
>
> 　　此时可以看出，红布沙发的颜色浓度更大了，但是周围的效果并没有发生变化，这就是通过ID通道图来精确地对特定对象进行调整的方法。

step 12　因为天花吊顶处的曝光太强了，所以用同样的方法选中天花曝光的地方，如图10-90所示，然后为其添加一个【曝光度】调整图层，具体参数设置如图10-91所示，适当降低曝光度，调整后的效果如图10-92所示。

图10-90

图10-91

图10-92

step 13　同理，我们可以增加天花板的亮度。用同样的方法选中天花板，如图10-93所示，然后为其添加一个
【曲线】调整图层，并调整亮度，如图10-94所示，调整后的效果如图10-95所示。

图10-93

271

图10-94　　　　　　　　　　　　图10-95

step 14　选择最上方的图层，如图10-96所示（因为调整效果的时候，大家对于调整图层顺序的摆放位置不同，可能最上面的图层与本书不同，但这不影响操作，大家在这里选择最上面的图层即可）。

step 15　按快捷键Ctrl+Shift+Alt+E盖印图层，如图10-97所示，然后为其添加一个【照片滤镜】调整图层，如图10-98所示，然后选择【冷却滤镜（82）】，设置【浓度】为20%，适当地中和一下黄色调，避免场景效果过分黄，如图10-99所示，效果如图10-100所示。

图10-96　　　　　图10-97　　　　　图10-98　　　　　图10-99

图10-100